U0155415

从零开始

Python

基础培训教程

杨焓◎编著

北京大学出版社

PEKING UNIVERSITY PRESS

内 容 提 要

本书是指导零基础人员学习并运用 Python 进行编程的实用工具书，在编写过程中充分考虑了读者的理解能力和程序在生活中的应用场景，以基础语法与应用相结合作为一条主线来进行讲解，讲述内容循序渐进，案例丰富翔实，并且全部来源于实际工作开发中。

本书分为入门篇、进阶篇和高级篇。入门篇通过语法的使用规则和实例来夯实基础并进行系统性的分析，以拓展程序编写能力。进阶篇概述了面向对象的编程思想，并详细说明了面向对象具有封装、继承、多态的特点。通过基础语法的集成实现队列（Queue）、栈（Stack）的数据结构，并通过一定的逻辑处理关系集成语法实现冒泡，以及涉及的进程和线程等内容，可以作为高并发优化方案。高级篇通过网络编程实现本地与网络的连接通道，以及网络间的通信，结合数据库对持久化数据的处理达到实现网络间数据共享的目的，然后介绍网页爬虫及 Web 项目创建，最后通过案例讲解热门应用微信小程序的开发。

本书适合零基础或基础薄弱，但又想快速掌握 Python 基础技能的读者学习和实践，也可作为编程开发人员提升 Python 技能水平和丰富实战经验的指导用书，同时还可作为广大职业院校、计算机培训班相关专业与技能的教学参考用书。

图书在版编目（CIP）数据

从零开始：Python基础培训教程 / 杨焙编著. —— 北京：北京大学出版社，2020.11
ISBN 978-7-301-31659-7

Ⅰ.①从… Ⅱ.①杨… Ⅲ.①软件工具－程序设计 Ⅳ.①TP311.561

中国版本图书馆CIP数据核字(2020)第183089号

书　　　名	从零开始：Python 基础培训教程	
	CONG LING KAISHI：Python JICHU PEIXUN JIAOCHENG	
著作责任者	杨　焙　编著	
责 任 编 辑	吴晓月　刘　云	
标 准 书 号	ISBN 978-7-301-31659-7	
出 版 发 行	北京大学出版社	
地　　　址	北京市海淀区成府路 205 号　　100871	
网　　　址	http://www.pup.cn　　　新浪微博：@北京大学出版社	
电 子 信 箱	pup7@pup.cn	
电　　　话	邮购部 010-62752015　发行部 010-62750672　编辑部 010-62570390	
印 刷 者	北京鑫海金澳胶印有限公司	
经 销 者	新华书店	
	787毫米×1092毫米　16开本　17.75印张　375千字	
	2020年11月第1版　2020年11月第1次印刷	
印　　　数	1-4000 册	
定　　　价	49.00 元	

前　言

INTRODUCTION

● 为什么写这本书?

Python的编程功能十分强大,在业界越来越流行,使很多无编程基础的读者也对Python语言编程充满兴趣。然而网络上的资料往往鱼龙混杂或是太过笼统,无法满足读者个性化的学习需求,因此,作者编写本书为想要学习Python的读者提供一个正确的学习途径。

● 本书的特点是什么?

本书力求简单、实用,注重学习过程中的疑难解答和开发应用,并在基础语法部分通过实例与分析相结合,帮助读者快速上手,本书特点如下。

● 易学易懂。语法和实例相结合,多方面进行系统化分析,以一个语法知识点做到多实例映射,通过延伸的知识点进行比较,多角度分析和思考,加深读者的理解,让读者可以轻松和有趣地学习。

● 实用性强。入门篇和进阶篇的每章都安排有"思考与练习"的内容,以加强读者的学习思考和动手能力。另外,高级篇针对Python的常见应用,通过列举项目讲解其开发的相关技能,使读者可以涉猎软件的多方面应用。

● 排忧解难。每章安排有"常见异常与解析"的内容,在学习过程中,针对容易出现的异常问题或疑难进行解答说明,避免读者在学习过程中少走弯路。

● 本书内容安排是什么?

本书共分为3篇,包括15章内容,其具体安排与结构如下。

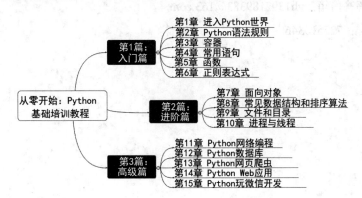

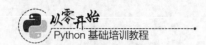

● 写给读者的建议

本书不仅适用于零基础读者，同样适用于有语言基础的读者。本书内容涉及的知识面广泛，囊括了多种热门应用。另外，在部分章节中会出现一些额外的知识点，零基础的读者也无须担心，这些在温馨提示中都可查询相关说明。

本书列举大量实例，以直观且可操作性强的形式进行详细说明，带领读者进行理解和记忆。在入门篇和进阶篇的各章节中都设有"思考和练习"的内容，通过提问的方式进行内容回顾练习和思考拓展。还设有"常见异常与解析"，即总结编程过程中可能出现的异常或者相关异常，并对其进行详细解析及提供处理方法，建议读者边学习边调试。高级篇涉及多种类型的应用软件项目，供感兴趣的读者参考学习。

● 本书相关资源

为方便读者学习和操作，特别赠送以下资源。

• 案例源码：提供书中相关案例的源代码，可方便读者学习参考。

• Python常见面试题精选（50道）：旨在帮助读者在工作面试时提升过关率。习题见附录，具体答案参见本书资源下载。

• 赠送：本书配套PPT课件。

• 职场高效人士学习资源大礼包：包括《微信高手技巧随身查》《QQ 高手技巧随身查》《手机办公10招就够》3本电子书，以及《5 分钟学会番茄工作法》《10招精通超级时间整理术》两部视频教程，让您轻松应对职场那些事。

温馨提示：对于以上资源，请用微信扫一扫右方二维码关注公众号，输入代码HM2077，获取学习资源的下载地址及密码。或者关注封底"博雅读书社"微信公众号，找到"资源下载"栏目，根据提示获取。

官方微信公众账号

本书由凤凰高新教育策划，杨焓编写。在编写过程中，我们竭尽所能地为您呈现最好、最全的实用内容，但仍难免有疏漏和不妥之处，敬请广大读者不吝指正。

读者疑问解答信箱：yh1392189383@163.com

读者交流群：725510346

目录

CONTENTS

第1篇 入门篇

第2篇　进阶篇

第3篇　高级篇

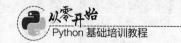

第 1 篇 入门篇

Python 是一种面向对象、直译式的计算机程序语言。每一门语言都有自己的特点，Python 的设计特点是"优雅"、"明确"和"简单"。Python 是当前热门的编程语言，作为新手该如何进入 Python 的编程世界呢？本篇将带领读者了解 Python，从零基础开始学习 Python 基础语法，并结合正则来初识爬虫应用。Python 入门容易深入难，学习时务必要持之以恒。

第**1**章
进入Python世界

本章导读 ▶

本章介绍Python的由来、使用场景，以及Python 3有别于Python 2的一些新特性。除此之外，还介绍Python的安装和相关工具的使用。只有打好基础，学习Python时才会很轻松。

知识架构 ▶

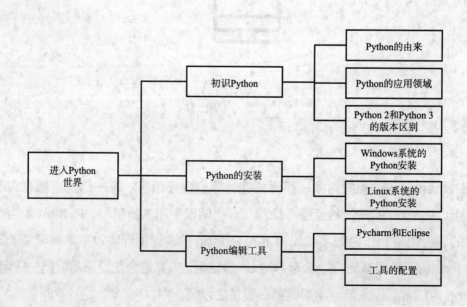

1.1 初识Python

Python由何而来，又是如何演变的？它能够带来怎样的乐趣？我们又该如何利用它呢？接下来，一起进入Python的世界吧。

1.1.1 Python的由来

Python是由Guido van Rossum创立的。在1989年的圣诞节，Guido希望能创造出一种全新的语言，即一种介于C和shell之间的语言，且功能全面、易学易用，并可拓展。于是他开发了一种新的脚本解释语言，之所以选择Python作为程序的名字，是因为他是Monty Python喜剧团体的爱好者。

1.Python的发展历程

Python的构想是建立在ABC语言上的，在Guido看来，ABC失败的原因主要是作为高级语言出世过早，其平台迁移能力弱，难以添加新功能，仅仅专注于编程初学者，没有把有经验的编程人员纳入其中。追根溯源，非开放语言都是很难发展的，这也是ABC没有流行起来的原因。Guido决心在Python中避免这些错误，于是Python第一个公开发行版于1991年诞生了。Python 2.0版于2000年10月16日发布，在原有的Python 1.0版中加入了内存回收机制，构成了现在Python语言框架的基础，同年Web框架的Django也诞生了，其中最稳定的是Python 2.7版。Python 3版于2008年12月3日发布，不完全兼容Python 2版。2011年1月，Python被TIOBE编程语言排行榜评为2010年度语言。

有些人喜欢用"胶水语言"来形容Python，是因为它可以很轻松地将许多其他语言编写的模块结合在一起。现在国外有许多名校已将Python语言列入必修课的范围，鼓励学生进行学习。此外，在国内使用Python语言工作的单位数量也在增加。随着语言的发展，Python语言的种类也更加广泛了。

2.Python的分类

有人说Python是用C语言写的，也有人说Python是用Java写的，其实Python是根据语言的实现方式不同来加以区分的，这里主要介绍以下3种。

（1）CPython

CPython是Python的官方版本，使用C语言实现，使用最为广泛。CPython实现会将源文件（py文件）转换成字节码文件（pyc文件），然后运行在Python虚拟机上。

（2）Jython

Jython是Python的Java实现。Jython可将Python代码动态编译成Java字节码，然后在JVM虚拟机上运行。

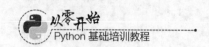

（3）IronPython

IronPython是一个NET平台的Python实现，包括完整的Python、执行引擎与运行支持，能够与NET已有的库无缝整合到一起。

这三者与Python之间的关系如图1-1所示。

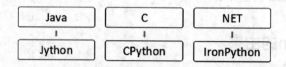

图 1-1　Python 常见种类实现

除此之外，Python还有RubyPython、Brython等众多种类，当前最主流的Python，其版本就是CPython。

1.1.2　Python的应用领域

Python可以应用于众多领域，如系统运维、Web网页开发、人工智能、开源云计算技术、GUI图形、爬虫等。业内很多大中型互联网企业都在使用Python，如YouTube、豆瓣、知乎、Google、Yahoo!、Facebook、NASA、百度、腾讯、美团等。

下面就简单介绍Python的应用领域。

（1）系统运维

Python是运维人员必备的编程语言之一。一般说来，Python编写的系统管理脚本在可读性、性能、代码重用度、扩展性等方面都优于普通的shell脚本。如Python运维工具fabric能自动登录其他服务器进行各种操作，这种实现方式使用shell是很难做到的。

（2）Web网页开发

众多大型网站均是使用Python开发的，如有Google、YouTube、Dropbox、豆瓣等，在此领域较为流行的技术性Web框架有Django、Flask、Tornado等，相对于其他语言来说，Python网页使用一个框架就可以集成项目所需要的全部业务，因此更容易学习和使用。

（3）人工智能

人工智能中关于机器学习部分包含有深度学习，在Python中就有TensorFlow这样的深度学习框架。TensorFlow是谷歌公司发布的开源框架，涉及自然语言处理、机器翻译、图像描述、图像分类等一系列技术，这些技术更是当今机器学习的热点部分。谷歌公司把Python作为首选开发语言，并且在Python中涵盖有大量科学计算框架和库，如Matplotlib、Numpy、Scikit-Learn、Pandas，它们的运用场景分别是对数据的绘图、矩阵计算和对数据的建模。这些数据的处理和分析都可以在Python中找到对应的库。

（4）开源云计算技术

云计算管理平台OpenStack是一个云操作系统框架，基于这个框架可以集成不同的各类组件，实现满足不同场景需要的云操作系统。如此功能强大的云计算服务，其项目的构成都是标准的Python项目。

（5）GUI图形界面

在Python中常见的GUI工具包有PyQT、TkInter、wxPython，这些都是常用的图形化编程模块，此外wxPython还具有跨平台且可视化操作微信的功能。

（6）爬虫

相较其他语言来说，Python拥有较成熟的爬虫技术，其中涉及Scrapy和Pyspider等框架。

Python在生活中的应用远不止这些，它还可以与其他技术结合使用。如OpenCV是一个开源发行的跨平台计算机视觉库，其拥有较丰富的常用图像处理函数库，配合Python可以实现人机互动、物体识别、图像分割、人脸识别、动作识别等多种功能。

由此可见，生活中到处都充满着Python，而且Python是一个简单的、解释型的、交互式的、可移植的、面向对象的脚本编程语言，非常适用于初学编程人员。Python的低门槛让越来越多人喜爱和使用，同样也会给它带来新的生命力。

1.1.3　Python 2和Python 3的版本区别

随着用户反馈及开发者对开源的积极贡献，Python诞生出越来越适应用户的版本，那么Python 2和Python 3这两个版本有哪些区别呢？Python 3是否只是在Python 2原有基础上进行了继续扩展？下面先对Python的历史进程进行讲述。

2008年 Python 3.0版发布，Python 2.7版于2010年7月3日发布，并计划作为Python 2.x版的最后一版，发布该版的目的在于，通过提供一些两者之间兼容性的措施，使 Python 2.x版的用户更容易将功能移植到 Python 3版上。这种兼容性支持包括Python 2.7版的增强模块，如支持测试自动化的unittest。虽然目前官网关于该版的更新还在持续进行，然而Python 2.7版被认为是一种遗留语言，且它的后续开发，包括现在最主要的 bug 修复，将在2020年完全停止。

下面介绍这两个版本之间的主要区别。

1.性能

Python 3.0版运行 pystone benchmark的速度比Python 2.5版慢30%。Guido认为Python 3.0版有极大的优化空间，尤其在字符串和整形操作上可以取得更好的优化结果。

Python 3.1版性能比Python 2.5版慢15%，还有很大的提升空间。有最新数据测试表明Python 3.7版比Python 2.7版快1.19倍，但是其他Python 3版的速度都没有Python 2.7版快。

2.编码

Python 2.x版对中文编程不太友好，如涉及中文需要在头部使用 "# -*- coding: utf-8 -*-" 进行编码声明，因为源码文件默认使用ASCII编码格式，而Python 3.x版的源码文件默认使用utf-8编码，也就是说可以用中文进行编码，示例如下：

```
>>> 国产 = 'made in China'
```

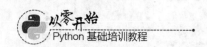

```
>>>print( 国产 )
```

3.语法

Python 3版与Python 2版相比，在语法上进行了很多优化，为方便读者理解和学习下面列举比较常见的6个语法。

（1）print语句

Python 2版中，print是一个语句，无论想输出什么，直接放到print关键字后面即可。Python 3版中，print()是一个函数，像其他函数一样，需要将要输出的内容作为参数来传递。

（2）I/O方法xreadlines()

Python 2版中，文件对象有一个xreadlines()方法，即返回一个迭代器，一次读取文件的一行。这在for循环中尤其实用。在Python 3版中，xreadlines()方法不再可用。

（3）全局函数filter()

在Python 2版中，filter()方法返回一个列表。在Python 3版中，filter()函数返回一个迭代器，不再是列表。

（4）StandardError异常

Python 2版中，StandardError是除StopIteration、GeneratorExit、KeyboardInterrupt、SystemExit外所有其他内置异常的基类。Python 3版中StandardError已经被取消，用Exception取代了。

（5）itertools模块

Python 2.3版引入itertools模块，定义了zip()、map()、filter()的变体，这个变体返回的是迭代器，而非列表。在Python 3版中这些函数返回的本身就是迭代器，所以这些变体函数就被取消了。

（6）全局函数callable()

Python2版中，可以使用全局函数callable()来检查一个对象是否可调用。在Python 3版中，这个全局函数被取消了，可以通过检查其特殊方法__call__()的存在性来确定一个对象是否可以调用。

▊温馨提示

出于对读者初学语言的考虑，此处仅简单进行了区别说明，可以对部分语法熟悉之后再来回顾，更详细的区别可以参考其官方文档。

1.2 Python的安装

Python的安装与其他语言相比是最简单、快捷的，既可以让软件自己配置环境变量，也可以自定义。不同的操作系统对应的Python安装过程也不同。Python的安装是开始编码的第一步。这里将介绍Windows系统中Python的安装和Linux系统中Python的安装。

1.2.1 Windows系统的Python安装

初学者普遍使用Windows操作系统，因此本书后续将采用Windows系统进行平台开发。众所周知，Python是开源免费的，读者只需要选择适合自己的版本进行安装即可。

1.准备工作

下载计算机对应的版本之前，需要知道其系统类型。以Windows10为例，在桌面上右击【此电脑】图标，在弹出的快捷菜单中选择【属性】选项，弹出系统界面如图1-2所示。

图 1-2　系统界面信息

▌温馨提示

不同 Windows 系统的查看方法有所不同，如果是 Windows 8 系统可以直接右击【计算机】图标，选择【属性】选项，在打开的【属性】界面可以看到系统是 32 位还是 64 位。其他 Windows 系统都可以通过按【 ■ +R 】快捷键，输入 "cmd" 命令弹出 CMD 命令窗体之后，再输入 "systeminfo" 命令，稍等即可查看系统类型。

2.下载Python安装文件

安装Python首先需要下载Python安装文件，其具体步骤如下。

步骤01： 通过浏览器访问官网https://www.Python.org，打开网页选择【Downloads】选项后会显示操作平台的种类，选择【Windows】选项，如图1-3所示。

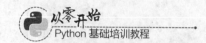

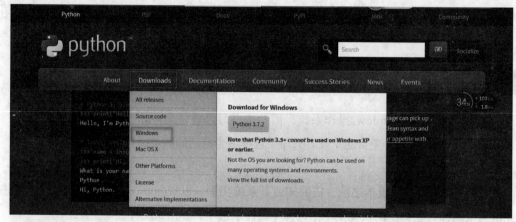

图 1-3　Python下载

步骤02：经过上步操作，可显示Python的安装版本及不同系统类型的安装文件，如在前面准备工作中查看电脑系统类型是64位，选择【Download Windows x86-64 executable installer】选项，下载对应的安装程序，如图1-4所示。

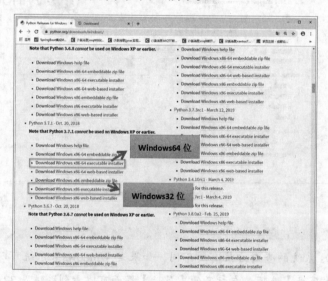

图 1-4　下载Python

温馨提示

读者在下载Python时需要注意以下几点：

（1）x86和x86-64的区别：系统分别是32位和64位。

（2）web-based、executable、embeddable zip file的区别如下。

①web-based：通过网络安装的，就是执行安装后才通过网络下载Python。

②executable：可执行的文件，把要安装的Python全部下载并在本机安装。

③embeddable zip file：是指将Python打包成Zip压缩包。

3.Windows系统中安装Python

下载Python的安装程序后，通过以下步骤进行安装。

步骤01： 在计算机中双击Python安装程序文件，进入安装向导。在窗口选中【Add Python3.7 to PATH】复选框，然后选择【Customize installation】选项进行自定义安装，如图1-5所示。当然，也可以选择【Install Now】选项默认安装到C盘，只不过这样会占用系统盘空间。

Windows系统的64位和32位安装流程都是一致的，这里以64位系统为例。

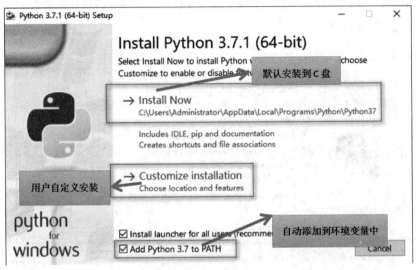

图 1-5　添加到环境变量中

步骤02： 选择【Customize installation】选项将弹出【Optional Features】界面，如图1-6所示。默认为全部选中附加设备组件，单击【Next】按钮跳转到下一步。

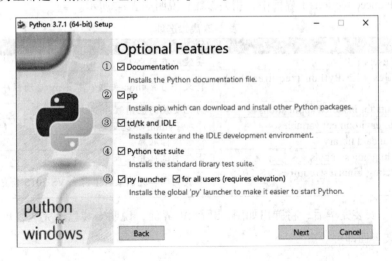

图 1-6　附加设备组件

图1-6中附加设备组件的参数及说明如表1-1所示。

表 1-1 通用组件

参　数	说　明
Documentation	安装 Python 文档
pip	pip 安装工具
tcl/tk and IDLE	安装 tkinter 和 idle 开发环境
Python test suite	安装标准测试库套件
py launcher	适用所有用户的 py 启动程序

步骤03：在弹出的【Advanced Options】界面中可使用默认选项，单击【Browse】按钮选择程序的安装位置，或者直接在文本框中输入安装位置的存放路径，并单击【Install】按钮即可开始安装，如图1-7所示。

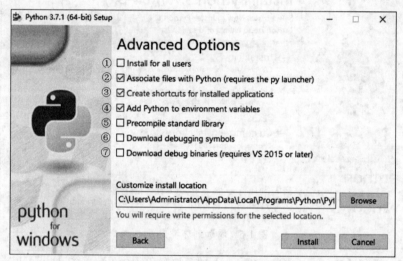

图 1-7 【Advanced Options】界面

在【Advanced Options】界面中，相关参数和说明如表1-2所示。

表 1-2 高级选项

参数	说明
Install for all users	安装所有用户
Associate files with Python (requires the py launcher)	将文件与 Python 关联（需要 py 启动程序）
Create shortcuts for installed applications	为已安装的应用程序创建快捷方式
Add Python to environment variables	添加 Python 环境变量
Precompile standard library	预编译标准库
Download debugging symbols	下载调试符号
Download debug binaries(requires VS 2015 or later)	下载调试二进制文件（需要 VS 2015 或更高版本）

步骤04：安装完毕后，将弹出如图1-8所示的界面，说明安装已经完成，单击【Close】按钮关闭安装界面即可。

图 1-8　成功安装

步骤05：检测安装是否成功，按【 ■+R 】快捷键，将弹出如图1-9所示的【运行】界面，并在输入框中输入"cmd"命令。

图 1-9　开始运行

步骤06：按【Enter】键进入打开控制台界面如图1-10所示，在控制台中直接输入"Python"命令即可查看Python版本的信息。

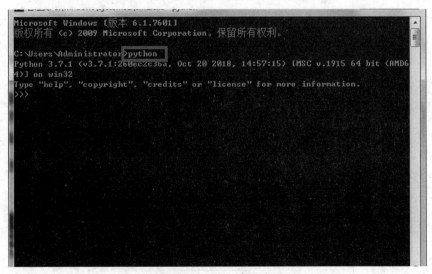

图 1-10　"cmd"命令窗口

如果此处输入后显示"'Python'不是内部或外部命令，也不是可运行的程序或批处理文件"，则说明在安装过程中没有选择【Add Python 3.7 to PYTH】选项，或在程序执行时出现了其他问题。此时读者需要按如下方式配置环境变量，其步骤如下。

步骤01：以Windows10为例，右击【此电脑】图标，在弹出的快捷菜单中选择【属性】选项来设置系统环境变量，如图1-11所示。

图 1-11　属性设置

步骤02：选择【高级系统设置】选项，将弹出如图1-12所示的【系统属性】对话框。

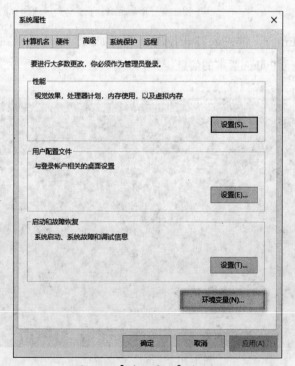

图 1-12　【系统属性】对话框

步骤03：选择【高级】选项卡，单击【环境变量】按钮，将弹出【环境变量】对话框，在【系统变量】栏中选择【Path】选项，然后单击【编辑】按钮，如图1-13所示。

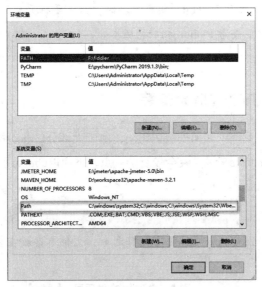

图1-13　编辑系统变量

步骤04：弹出【编辑环境变量】对话框，如图1-14所示。环境变量是系统运行的核心，修改时要特别注意，符号必须全是英文状态下的符号，而且不能有空格和其他特殊符号，单击【新建】按钮，并且输入Python的安装路径，然后单击【确定】按钮，即可完成配置。

图 1-14　添加环境变量

步骤05：再访问控制台查看安装。同样在cmd命令窗口中输入"Python"命令即可查看Python的版本信息，至此Python的安装就完成了。

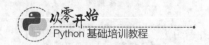

温馨提示

安装工作已经完成，用户查看安装版本及更换方式如下。

如果已经安装其他版本的 Python，想要更换时，只需要将更换的路径在环境变量中修改即可。使用 Python -V 可以查看 Python 相应的版本。

1.2.2 Linux系统的Python安装

本节将讲解在Linux系统中如何安装Python，由于大部分Linux系统都自带有较低版本的Python，所以相对于Windows来说安装会较复杂一点，下面以ubuntu系统为例来介绍如何自定义安装想要使用的Python版本。

温馨提示

与Windows系统不同，Linux系统没有盘符之分，文件都存放在相应的目录下，如表1-3所示。

表 1-3 Linux 文件目录

参数	说明
/home	用户的主目录。在 Linux 中，每个用户都有一个自己的目录，一般该目录名是以用户账号命名的
/usr	这是一个非常重要的目录，用户的很多应用程序和文件都放在这个目录下，类似于 Windows 的 program files 目录
/usr/bin	系统用户使用的应用程序

1.下载Python

Linux系统的Python安装同样需要下载，具体步骤如下。

步骤01： 按【Ctrl+Alt+T】组合键打开命令窗口，如图1-15所示，并在控制台中输入如下命令。

```
wget https://www.Python.org/ftp/Python/3.7.1/Python-3.7.1.tgz
```

```
root@yanghan-VirtualBox:~# wget https://www.python.org/ftp/python/3.7.1/Python-3
.7.1.tgz
--2018-12-04 15:32:49--  https://www.python.org/ftp/python/3.7.1/Python-3.7.1.tg
z
正在解析主机 www.python.org (www.python.org)... 151.101.228.223, 2a04:4e42:11::2
23
正在连接 www.python.org (www.python.org)|151.101.228.223|:443... 已连接。
已发出 HTTP 请求，正在等待回应... 200 OK
长度：22802018 (22M) [application/octet-stream]
正在保存至："Python-3.7.1.tgz"

100%[===========================>] 22,802,018  1.02MB/s    用时 23s

2018-12-04 15:33:12 (983 KB/s) - 已保存 "Python-3.7.1.tgz" [22802018/22802018])
```

图 1-15 下载Python 3.7

步骤02： 下载完成之后，还需要解压安装包文件，如图1-16所示，在命令行输入以下命令进行解压。

```
tar -xvzf Python-3.7.1.tgz
```

图 1-16　解压

温馨提示

　　"Python37"是笔者自定义的文件夹名称，读者可以对其自定义名称，命令输入完成之后都要使用【Enter】回车键用来执行命令。

　　步骤03：下载完成后默认存放路径是在主文件夹中。由表1-3可知，如果要使用Python程序，最好存放在"/usr/bin"目录下。所以，将解压的文件移动到"/usr/bin"目录下，并输入以下命令创建一个"Python37"文件夹。

```
mkdir /usr/bin/Python37
```

结果如图1-17所示。

```
root@yanghan-VirtualBox: ~
root@yanghan-VirtualBox:~# mkdir /usr/bin/python37
```

图 1-17　创建目录

　　步骤04：使用移动命令将文件移动到指定目录中，并输入以下命令。

```
mv Python-3.7.1 /usr/bin/Python37
```

使用盘符命令"cd"进入指定目录盘符，输入"ls"命令查看文件是否移动成功，如图1-18所示。

```
root@yanghan-VirtualBox:~# mv Python-3.7.1 /usr/bin/python37
root@yanghan-VirtualBox:~# cd /usr/bin/python37
root@yanghan-VirtualBox:/usr/bin/python37# ls
Python-3.7.1
root@yanghan-VirtualBox:/usr/bin/python37#
```

图 1-18　移动Python解压包

2.安装与测试Python

下载完成后，还需要进行安装和测试，其具体步骤如下。

　　步骤01：进入Python目录后，输入以下命令进行文件配置。

```
./configure
```

此过程时间较长，需要耐心等待一下，如图1-19所示。

```
root@yanghan-VirtualBox:/usr/bin/python37/Python-3.7.1# ./configure
checking build system type... i686-pc-linux-gnu
checking host system type... i686-pc-linux-gnu
checking for python3.7... no
checking for python3... python3
checking for --enable-universalsdk... no
checking for --with-universal-archs... no
checking MACHDEP... checking for --without-gcc... no
checking for --with-icc... no
checking for gcc... gcc
```

图 1-19 配置

步骤02: 配置完成后,接着开始编译,输入如下命令。

```
make
```

结果如图1-20所示。

```
root@yanghan-VirtualBox:/usr/bin/python37/Python-3.7.1# make
gcc -pthread -c -Wno-unused-result -Wsign-compare -DNDEBUG -g -fwrapv -O3 -Wall
   -std=c99 -Wextra -Wno-unused-result -Wno-unused-parameter -Wno-missing-field-
initializers -Werror=implicit-function-declaration    -I. -I./Include    -DPy_BUI
LD_CORE -o Programs/python.o ./Programs/python.c
gcc -pthread -c -Wno-unused-result -Wsign-compare -DNDEBUG -g -fwrapv -O3 -Wall
   -std=c99 -Wextra -Wno-unused-result -Wno-unused-parameter -Wno-missing-field-
initializers -Werror=implicit-function-declaration    -I. -I./Include    -DPy_BUI
LD_CORE -o Parser/acceler.o Parser/acceler.c
```

图 1-20 编译

步骤03: 输入以下命令进行安装。

```
make install
```

结果如图1-21所示。

```
root@yanghan-VirtualBox:/usr/bin/python37/Python-3.7.1# make install
```

图 1-21 安装

步骤04: 开始进行测试,输入"Python"命令,这时候还是Python 2.7版,如图1-22所示。如将Python 2.7版更换为安装版本还需要先执行以下操作。

```
root@yanghan-VirtualBox:/usr/bin/python37/Python-3.7.1# cd
root@yanghan-VirtualBox:~# python
Python 2.7.6 (default, Nov 23 2017, 15:50:55)
[GCC 4.8.4] on linux2
Type "help", "copyright", "credits" or "license" for more information.
>>>
```

图 1-22 测试安装

步骤05: 在创建软链接之前进行文件移动,做到文件安全备份,输入如下命令。

```
mv /usr/bin/Python /usr/bin/Pythonbak
```

步骤06: 建立软链接,输入如下命令。

```
ln -s /usr/local/bin/Python3.7 /usr/bin/Python
```

步骤05和步骤06的结果，如图1-23所示。

图 1-23　新建软链接

步骤07：软链接创建完成后，再次进行测试，输入命令"Python"查看版本，将会发现已经更换了，如图1-24所示。

图 1-24　版本检测

这时候就有一个疑问了，为什么这样设置之后不需要再去配置环境变量了，不是只有设置环境变量之后才能直接在命令行里使用Python命令吗？其实，Linux系统在环境变量的配置文件"/etc/profile"里面，已经默认加上了"/usr/bin"这个路径了，所以说如果把软链接创建在这个路径里面，就算不加上Python的环境变量，也是可以直接在命令行里面调用Python的。

但是这样建软链接的缺点是，有pip等一系列命令的软链接需要创建。如果需要添加环境变量，还需要在环境变量的配置文件里面加上以下语句。

```
export PATH=$PATH:/usr/local/bin/Python3.7
```

温馨提示

Linux系统下，源码的安装由3个步骤组成：配置（configure）、编译（make）、安装（make install），在上述过程中用到"./configure"命令，其全写命令是"./configure --prefix --with"，其中"--prefix"指安装路径，"--with"指安装本文件所依赖的库文件。

如使用"./configure --prefix=/usr/bin/Python37"命令，就可以省略移动文件的步骤。

1.3　Python编辑工具

一门好的语言要配上适当的工具，才能发挥其长处。使用编辑工具的目的，在于提高编码效率。国内普遍使用的Python编辑工具是Pycharm和Eclipse。

1.3.1 ▶ Pycharm和Eclipse

Pycharm和Eclipse是两种不同的开发工具，读者可以根据个人喜好来选择。先拿Pycharm来说，它的特点有：自动代码格式化、代码完成、重构、自动导入和一键代码导航等。依赖库的引入是其他工具不可比拟的，它可以直接从网上查找所需要的库，并且下载存放到本地，不需要Pycharm用户到网上搜索下载。这些功能在先进代码分析程序的支持下，使 PyCharm 成为 Python开发者的有力工具。而Eclipse是基于Java语言的一个开发平台，只需要安装PyDev插件即可进行Python应用开发。这两个工具各有优点，建议初学者使用Pycharm。

1.Pycharm下载

Pycharm的下载可通过官方网址跳转到版本的选择下载页面。Pycharm 专业版是收费的，Pycharm 社区版是免费的。Pycharm的专业版和社区版区别在于，PyCharm的专业版是集成开发环境，与PyCharm社区版（免费版）相比，增加了Web开发、Python Web框架、远程开发、支持数据库等功能，其功能更强大。两个版本的Pycharm工具都是一键式安装下载后执行其中的exe文件，只是社区版需要进行官方注册，注册后再打开Pycharm界面时需要注册码才能使用，具体安装流程这里不再赘述。

2.Eclipse下载和插件配置

Eclipse的下载可通过官网址选择适合的版本下载。需要注意Eclipse需要JDK支持，如果Eclipse无法正常运行，请到Java的官网下载JDK进行下一步安装。

Eclipse操作Python时需要引入插件PyDev，在此处详细介绍该插件的配置过程。

步骤01： 打开Eclipse，选择【Help】→【Install New Software】选项，如图1-25所示。

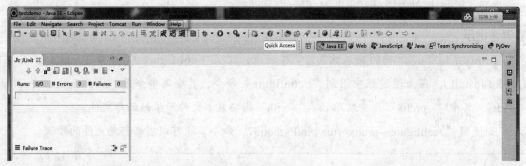

图 1-25　添加新插件

步骤02： 单击【work with:】输入框旁边的【Add】按钮，即可弹出【Add Repository】对话框，如图1-26所示。在【Name】栏可以自定义名称。在【Location】栏中输入"http://pydev.org/updates"，单击【OK】按钮。

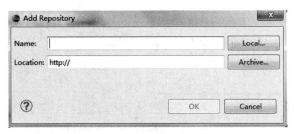

图 1-26　自定义仓库名称

步骤03： 在安装界面中选中【PyDev】复选框，单击【Next】按钮，如图1-27所示。

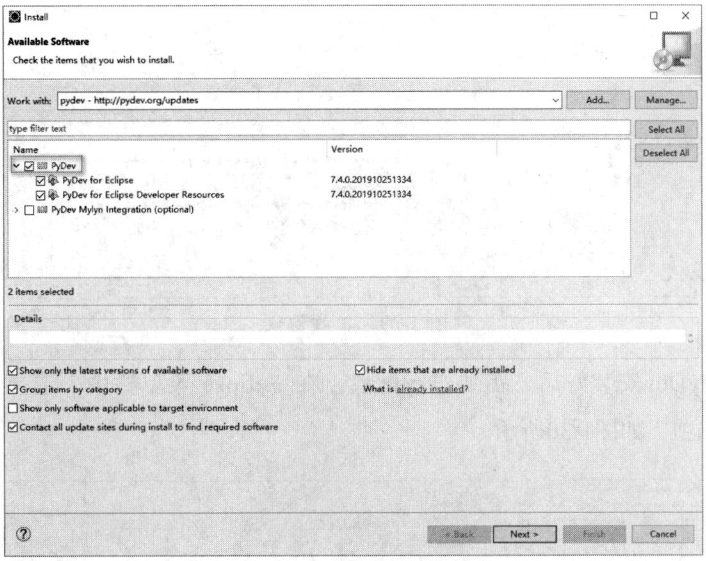

图 1-27　加载依赖库

步骤04： 进入安装路径选择界面，使用默认设置，单击【Next】按钮，如图1-28所示。

图 1-28　安装路径选择界面

步骤05： 下载 PyDev插件，可以从 Eclipse任务栏中看到下载的进度。在PyDev下载完成后，单击【Finish】按钮，并重启Eclipse，如图1-29所示。

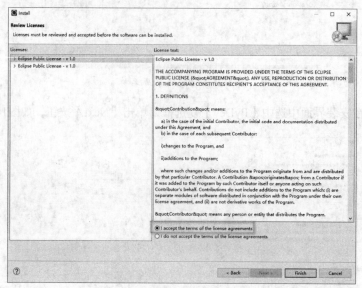

图 1-29　接收协议

步骤06： PyDev安装好后，需要进行配置。在 Eclipse 菜单栏中，选择【Window】→【Preferences】选项，如图1-30所示。

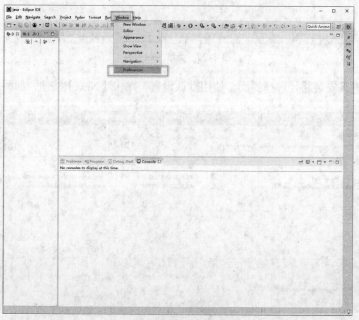

图 1-30　开始配置

步骤07： 在弹出的【Preferences】对话框中选择【PyDev】→【Interpreters】选项，如图1-31所示。

图1-31 选择Python

步骤08：选择【Python Interpreter】选项，由于Eclipse工具可自动识别已有Python的安装路径，所以此处直接单击【Apply】按钮，再单击【OK】按钮，如图1-32所示。

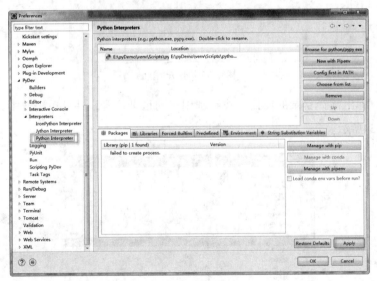

图1-32 配置Python

至此，Eclipse开发工具的插件已安装完成。

温馨提示

　　建议初学者直接使用 Pycharm，后期如果实力有所提升可以换成 Eclipse，对于已有其他语言基础知识的读者，不妨也可尝试使用 Eclipse。由于 Eclipse 版本不同操作过程也会有所区别，但是库的加载及 Python 的配置都是一样的。

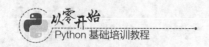

1.3.2 工具的配置

俗话说"磨刀不误砍柴工",工具配置好了,后面项目做起来才会事半功倍。因此不必急于求成,不需要立刻使用工具来创建项目。进入Pycharm后,工具会提示用户选择一个工作空间,此空间用于项目文件的存放。由于Pycharm的功能很强大,对于一个项目来说,最好能够配置一个虚拟环境,这样不同项目可以配置不同版本的Python,而Python相关的依赖包和插件可以存放在这个独立的虚拟环境里面。在虚拟环境中创建的项目,与其他环境中所建立的项目彼此不干扰,因此可以更方便地管理多个项目。

工作空间的准备步骤具体如下。

步骤01: 需要在本地创建一个文件目录(文件夹),这里将文件夹命名为"ToDoDemo",目录里面可以不放任何东西,弹出Pycharm窗口,单击【open】按钮,如图1-33所示。

图 1-33　打开目录

步骤02: 弹出选择目录的窗体,找到刚创建的目录位置,并且单击选中,单击【OK】按钮,如图1-34所示。

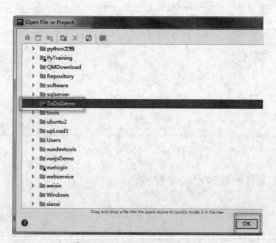

图 1-34　Pycharm访问目录

到此准备工作已经完成。

Pycharm常用快捷键的设置步骤如下。

步骤01：选择【File】→【Settings】选项，如图1-35所示。

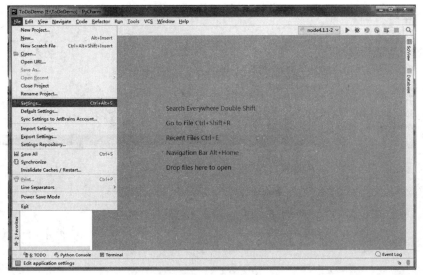

图 1-35　Settings 设置

步骤02：弹出Pycharm的常用设置界面，如果要修改字体大小，可以选择【Editor】→【Font】选项进行修改，如图1-36所示。

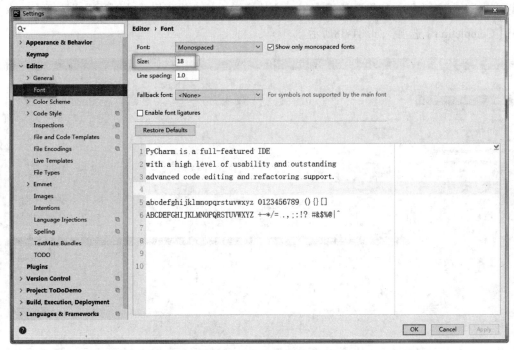

图1-36　字体样式修改

步骤03：如需配置快捷键，可在左上角的输入框中，通过输入"Keymap"关键词进行搜索，自定义快捷键的设置如图1-37所示。

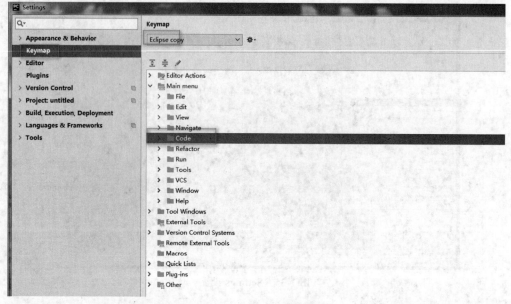

图 1-37　自定义快捷键

步骤04：如果快捷键和其他工具的快捷键冲突，如输入法，则在此处进行修改即可，以代码提示快捷键为例，如果要使用【Alt+/】快捷键来补全代码提示功能，需要选择【Code】→【Completion】选项，如图1-38所示。

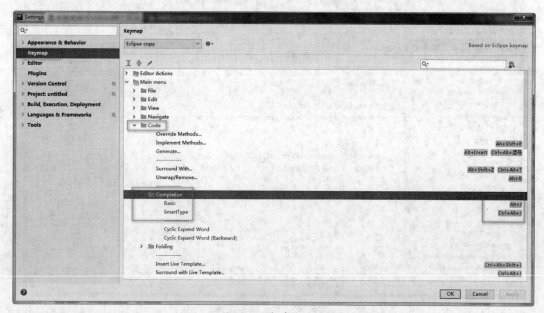

图 1-38　查看快捷键

步骤05： 找到需要修改的快捷键，然后右击，就会显示添加快捷键和移除快捷键的菜单目录，选择【Remove Alt+/】选项（如图1-39所示），单击【Apply】按钮，并单击【OK】按钮，此刻代码提示功能就不再是【Alt + /】快捷键了。读者根据自己的喜好可以进行选择快捷键的设置方式，Pycharm工具会自动将修改后的参数变为蓝色。

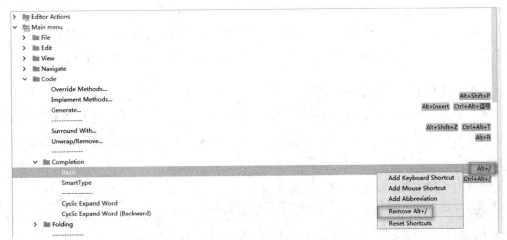

图 1-39　修改快捷键

后续项目开发中会经常用到一些快捷键命令，常用快捷键及说明如表1-4所示。

表 1-4　常用快捷键

快捷键	说明
Ctrl + Shift + T	查找项目中的类
Ctrl + Alt + T	快速抛出异常
Ctrl + Alt +V	快速获取返回值
Shift + Shift	查找所有类
Alt + Enter	快速导包（鼠标双击选中）
Ctrl+Shift+Space	快速查看参数设置
Shift + Alt + Z	快速重构异常
Ctrl + /	注释（取消注释）选择的行
Shift + Enter	开始新行

▌**温馨提示**

因为已经在快捷键中设置以Eclipse为模型的快捷键，所以常用快捷键命令才会有所区别，读者可以根据自己的喜好来选择，不过尽量要避免与其他应用程序快捷键的冲突。文中快捷键中的"+"代表同时按下后面的键，并不包含"+"号本身。

 思考与练习

1. 为什么需要环境变量？

答：在Windows系统下，如果安装了某款软件后，在安装目录中会生成一个该软件的.exe文件，双击该文件就能启动软件。但每次要运行该软件时都要先找到该.exe文件所在的路径，然后再进行双击，但这是不现实的，因为安装的软件太多不可能记住所有已安装软件的路径，同时如果在其他路径下想运行某些软件就会无法运行，所以这时候就需要使用环境变量了。

2. Mac系统下如何安装Python？

答：Mac系统中安装Python同样很简单、方便。同Linux系统一样，系统本身已经存在Python 2.7版，因此安装过程中需要新的指向，接下来演示通过使用Homebrew安装Python的步骤如下。

步骤01： 使用 Homebrew安装，其命令如下。

```
brew install Python3
```

步骤02： 查看/usr/local/Frameworks文件夹是否存在，如没有则执行命令如下。

```
sudo mkdir /usr/local/Frameworks
```

步骤03： 对新建的文件夹设置权限，其命令如下。

```
sudo chown $(whoami):admin /usr/local/Frameworks
```

步骤04： 配置Python路径的指向，其命令如下。

```
alias Python="/usr/local/bin/Python3.7"
```

步骤05： 配置文件生效，其命令如下。

```
source ~/.bash_profile
```

步骤06： 此时当前终端已是Python 3.7版，但还没有配置环境变量。所以，打开其他终端或者重启计算机，依旧是原来的版本。执行"vim ~/.bashrc"命令进入编辑模式，添加"alias Python="/usr/local/bin/Python3.7""语句。

步骤07： 执行"vim ~/.bash_profile"命令进入编辑模式，添加"source ~/.bashrc"语句。

步骤08： 执行"source ~/.bash_profile"命令使配置生效。

（?）常见异常与解析

1. 在控制台输出Python时总会出现"'Python'不是内部或外部命令，也不是可运行的程序或批处理文件"的提示，如图1-40所示。

图 1-40 执行异常

当看到这个提示时，读者不用多虑，这是因为环境变量配置出现了错误。要想解决这个异常先要考虑文件夹取名是否规范，不能有以中文或空格或特殊字符、下划线开头的名称，其次是环境变量值 "path" 中的路径是否和 Python 路径一致。

2. 安装 Pycharm 后可能会出现证书不可用的问题，报出异常 "Server's certificate is not trusted"，如图 1-41 所示。

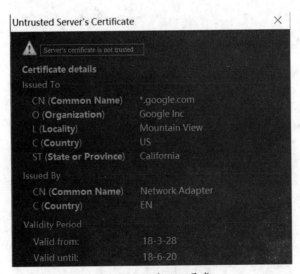

图 1-41 证书认证异常

Pycharm 安装后出现这种异常很常见，其解决方法就是选择【File】→【Setting】选项，在弹出对话框中选择【Tools】→【Server Certificates】选项，然后选中【Accept non-trusted certificates automatically】复选框，并单击【Apply】按钮，跳过信任认证，如图 1-42 所示。

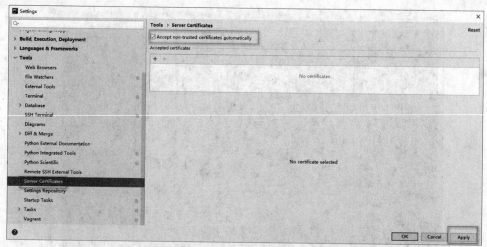

图 1-42　接受认证

 本章小结

    本章阐述了Python的由来及Python的应用领域，并且在多平台上实现Python环境的搭建，还讲述了Python开发工具及相关使用技巧，使读者对Python有个初步认识，并搭建出Python开发所需环境，为进一步学习奠定好基础。

第**2**章
Python语法规则

　　程序执行效率的高低和语法规则密不可分，熟练掌握语法规则是学习一门语言的重中之重。本章介绍Python的基本语法，包含注释、变量、运算符规则及数据类型，并且通过相关示例语法进行讲解。

知识架构 ▶

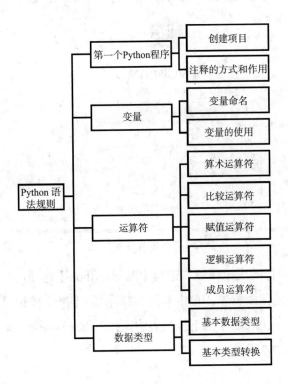

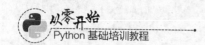

2.1 第一个Python程序

在Python和开发工具安装完成后，就可以进行Python程序的编写了。

2.1.1 创建项目

在cmd命令窗口进行Python代码的编写。按【■+R】快捷键，然后输入 "cmd" 命令，并且单击【确定】按钮就可以打开cmd命令窗口界面了。对于初学者而言，通过命令窗口进行代码编写，不容易直观了解代码语法规则，而且易出错。尤其对于英语底子薄弱的读者，很容易在英语单词中消耗不少时间。而Pycharm工具具有智能分析代码，对错误高亮，以及一键式快速补充代码等功能进而使编码更简易化。所以接下来将在Pycharm中创建项目，它将是进入Python程序的第一步。

实现第一个Python程序，需要一些准备工作，先基于编辑工具之上搭建Python项目，其具体步骤如下。

步骤01：搭建项目。双击打开PyCharm，如图2-1所示，选择【Create New Project】选项。

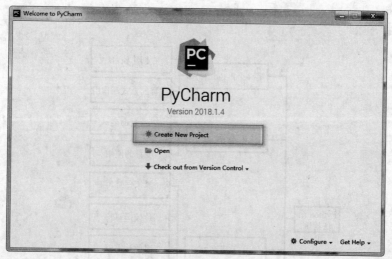

图 2-1　创建新项目

步骤02：创建独立运行的虚拟环境。选择【Pure Python】选项后，可在【Location】栏中自定义虚拟环境路径存放位置，单击如图2-2所示的【▼】按钮显示项目环境配置的信息，然后在【Base interpreter】的下拉列表中选择Python解释器，最后单击【Create】按钮创建虚拟环境，如图2-2所示。

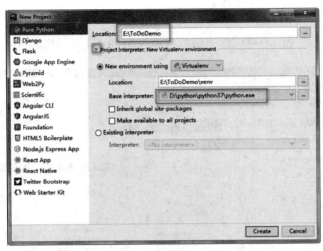

图 2-2　创建虚拟环境

搭建虚拟环境有什么好处呢？当有多个项目使用不同版本的Python时，如果搭建了虚拟环境，那么对其中一个虚拟环境进行操作就可以只在这个虚拟环境中，并不会影响到外面的环境，即多项目同时研发可互不干扰。

温馨提示

选中【Inherit global site-packages】复选框可以使用 base interpreter 中的第三方库，如不选中该项将和外界完全隔离；选中【Make available to all projects】复选框可将此虚拟环境提供给其他项目使用。

步骤03：创建Python文件目录，并右击目录，在弹出的快捷菜单中选择【New】→【Python Package】选项，如图2-3所示。弹出对话框，并在其中文本框中输入自定义名称。

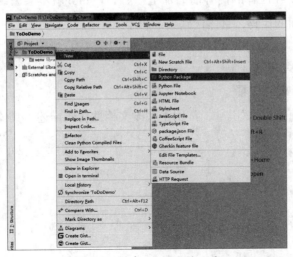

图 2-3　创建Python文件目录

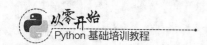

步骤04： 右击Python目录，在弹出的快捷菜单中选择【New】→【Python File】选项，如图2-4所示，在弹出的对话框中输入自定义Python文件名称即可。

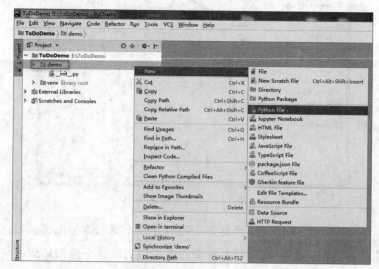

图 2-4 创建Python文件

2.1.2 注释的方式和作用

注释分为单行注释、多行注释、特殊编码注释。不同的注释方式有不同的作用，但其目的都是为后续编写的代码进行解释。接下来，通过编写第一个Python程序及运行，来查看这3种注释的执行效果。

1. 单行代码注释

单行注释只需要在注释的内容前面加上"#"，Python就不会去编译这个注释，其作用只是为了解释下面的代码，具体代码如下所示。

```
# 这是单行注释，输出 Hello World
print('Hello world')
```

2. 多行代码与文档注释

多行注释需要使用3对双引号，常用于大段文档性代码描述，具体代码如下所示。

```
"""
这是多行注释
注释第二行
注释第三行
"""

def result():
    ''' 这是文档字符串 '''
print(result.__doc__)
```

3. 特殊编码注释

特殊编码注释用来支持编码格式，通用性编码格式为"UTF-8"，它包含全世界所有国家需要用到的字符。

在Python 2版之前默认的编码格式是 ASCII 格式，由于没修改编码格式时无法正确打印汉字，所以在读取中文时会报出异常，其解决方法为在文件开头加入"# -*- coding: UTF-8 -*-"或者"#coding=utf-8"。

显然，注释的作用就是让开发者更快速直观地理解代码的作用，并在代码编辑区进行编码，如图2-5所示，在编辑区中右击选择【Run】选项按钮进行代码运行，执行结果在控制台中输出。Print()是Python 3以上版本中独有的输出语句，里面使用的"单引号"或者"双引号"在其他语言中可能是字符与字符串的区别，但是在Python 3版中的作用都是一样的，可将一个字符、一段文字或字符编译为一段字符串，简单说来就是"所写即所出"。

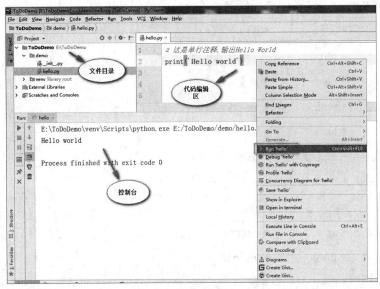

图 2-5　注释

温馨提示

读者可以尝试将其他代码注释写入其中，并且运行，对比结果看看有什么不同，可以使用【Ctrl+Shift+F10】快捷键执行代码编译。在文档注释中使用的函数，读者暂时理解即可，在后续章节的学习中还会继续讲述。在编写代码的时候需要注意，":"符号下面的代码块需要空4格。

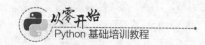
2.2 变量

变量是用来标识存储单元地址的，在该地址中可以存储数据，因此通过变量既可以获取变量值，也可以对其赋值。

2.2.1 变量命名

变量命名是自定义的，但是掌握了命名规则，对以后的学习会有很大帮助，下面讲述4条命名规则。

① 变量名的长度不受限制，但其中的字符必须是字母、数字或者下划线（_），而不能使用空格、连字符、标点符号、引号或其他字符。

② 变量名的第一个字符不能是数字，必须是字母或下划线。

③ 不能将Python关键词用作变量名，Python关键词具体如下。

- False
- def
- if
- import
- return
- True
- and
- else
- is
- lambda
- with
- assert
- break
- for
- not
- continue
- global
- pass
- raise
- None
- del
- elif
- in
- try
- while
- as
- except
- finally
- nonlocal
- yield
- class
- from
- or

④ 建议使用驼峰式命名，但首字母应小写，如bookName。

2.2.2 变量的使用

变量的赋值过程实质是操作变量所指向的地址，如name = 'Jason Bourne'，指name接受了"="号后面的字符串传递的值，这个过程称为声明变量，具体代码如下所示。

```
name = 'Jason Bourne'
print(name)        #结果输出为 Jason Bourne
print(type(name))  #输出类型是 String 字符串类型 <class 'str'>
age = 30
```

```
print(age)          # 结果输出为 30
print(type(age))          #输出类型是 int 整数类型 <class 'int'>
```

其中type()的作用就是判断值类型，而String是字符串类型。由此可知，变量赋值前后类型不变，值也不变。赋值流程是指将不同数据存放在不同地址的内存中，然后变量指向该地址，完成赋值。其代码体如下所示。

```
age0 = 31
age1 = 30
print(id(age0))   #内存地址 8791279003408
print(id(age1))   #内存地址 8791279003376
```

在Python中id()可以返回值到内存中存放的地址，由上可知，不同变量接受的值在内存中的存放地址是不一样的。数据存在内存当中，需要占用一块资源来存放，而这地址就是id。它们的作用类似于银行保险箱和保险箱号码，而里面存放着对应的数据。

2.3 运算符

不同类型的数据按照一定的规则连接起来的式子称为表达式。表达式中使用的符号就是运算符，其中包含算术运算符、比较运算符、赋值运算符、逻辑运算符、成员运算符。本节将介绍这些常用的运算符。

2.3.1 算术运算符

在数学中常用到四则运算，在程序中也会使用到这些运算，用来对一些常用数学运算进行操作，而这些符号就称为算术运算符，如表2-1所示。

表 2-1 算术运算符

运算符	描述	实例
+	符号前后相加	5+20 输出结果为 25
-	符号前后相减	1-2 输出结果为 -1
*	符号前后相乘	1*2 输出结果为 2
/	符号前除以符号后	1/2 输出结果为 0.5
//	符号前整除以符号后，返回结果整数部分	1//2 输出结果为 0
**	取幂，符号后为幂数	2**3 输出结果为 8
%	取模，返回除法的余数	2%10 输出结果为 2

在代码编辑区输入实例进行测试，如下代码所示。

```
print(5+20)   #25
print(1-2)    #-1
print(1*2)    #2
```

```
print(1/2)   #0.5
print(1//2)  #0
print(2**3)  #8
print(2%10)  #2
```

2.3.2 ▶ 比较运算符

比较运算符（如表2-2所示）是指对两个元素的大小值进行判断，然后返回一个布尔值。布尔值就是值判断的结果显示，分为True和False，如果该比较运算符成立的式子为正确，则为True，反之为False。

表 2-2 比较运算符

运算符	描述	实例
>	大于	a>b
<	小于	a<b
==	等于	a==b
>=	大于或等于	a>=b
<=	小于或等于	a<=b
!=	不等于	a!=b

赋值给变量a和变量b，并通过比较得出返回的值是否为True或者False，如下代码所示。

```
a = 10
b = 20
print(a>b)      #False
print(a<b)      #True
print(a>=b)     #False
print(a<=b)     #True
print(a!=b)     #True
```

2.3.3 ▶ 赋值运算符

赋值运算符是指将该符号后的元素赋值给该符号前的元素。虽然赋值运算容易混淆输出结果，但是使用起来比较方便，在涉及金融计算或者字符串拼接时经常使用。赋值运算符如表2-3所示。

表 2-3 赋值运算符

运算符	描述	实例
=	赋值，符号后的值传递给符号前	A=a+b
+=	累加，符号前加上符号后的值	a+=b
-=	累减，符号前减去符号后的值	a-=b
*=	累乘，符号前乘以符号后的值	a*=b
/=	累除，符号前除以符号后的值	a/=b
%=	累余，符号后对符号前的数取余	a%=b

赋值运算简单说来就是一种缩写形式，将符号左边的值与符号右边的值两者进行规则运算，如下代码所示。

```
a = 20
b = 30
A=a+b
print(A)      #50
a+=b
print(a)      #50
a-=b
print(a)      #20
a*=b
print(a)      #600
a/=b
print(a)      #20.0
a%=b
print(a)      #20.0
```

2.3.4 逻辑运算符

逻辑运算符是指将一个或者多个元素进行关联的符号。Python的逻辑运算符包含and、or、not这3种，通过英文字面意思可以分别简单直译为"和"、"或"和"非"，如表2-4所示。

表 2-4 逻辑运算符

运算符	描述	实例
and	两者都满足	a<b and b<c
or	至少满足一个	a<b or b<c
not	相反值	not d

除上述3种关键词有着逻辑判断能力之外，还有一些符号也可以满足对逻辑的判断，如下代码所示。

```
a = 10
b = 20
c = 5
d = True
print(a<b and b<c)  #False
print(a<b or b<c)   #True
print(not d)        #False
print(a<b & b>c)    #True
print(a<b | b<c)    #False
```

2.3.5 成员运算符

成员运算符是指判断两者之间的关系是否为包含关系，其关键词有in、not in，如表2-5所示。

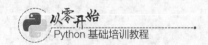

表 2-5 成员运算符

运算符	描述	实例
in	被包含	b in a
not in	不被包含	c not in b

具体代码如下所示。

```
a = (10,20,30)
b = 10
c = 200
print(b in a)        #True
print(c not in a)     #True
```

常用的运算符虽然很简单，但是用法单一，初学者很容易忘记，因此需要不断地尝试和摸索，建议最好有一套属于自己的记忆方式，这将对后期的学习有很大的帮助。

2.4 数据类型

根据前面的学习已经开始接触Int 、String等关键词了。它们是什么，以及作用有哪些呢？本节将学习Python最基本的几种数据类型。

2.4.1 基本数据类型

Python 3版支持int、float、bool、complex（复数）等数据类型，这些数据类型主要用于储存数值，且由于这些数值一旦保存到内存中，其地址就不会发生改变，因此也被称为不可变数据类型。

①int：指整数类型，即数字中的整数部分。

②float：指浮点类型，由整数部分和小数部分组成。

③bool：指布尔类型，值有True和False两种。

④complex：指复数类型，由虚数和实数组合而成。

下面通过实例证明这些数字类型为什么被称为不可变数据类型。

```
a = 3    #int 整数类型
print(id(a))    #8791284835216
a = 31
print(id(a))    #8791284836112

b = 3.1  #float 浮点类型
print(id(b))    #5353904
b = 2.1
```

```
print(id(b))      #5353952

c = True     #bool 布尔类型
print(id(c))      #8791284304208
c = False
print(id(c))      #8791284304240

d = 3.14j    #complex 复数类型
print(id(d))      #35422160
d = 3e+26J
print(id(d))      #35422128
```

由上述实例可以知道，如果改变了值，那么在内存中存放的地址也会发生改变，正因为具有这种特性，所以上述4种数据类型都被称于不可变数据类型，除此之外还有 String、Tuple两种不可变数据类型，后续章节将会和可变数据类型一同讲解。

2.4.2 基本类型转换

由于变量本身数据类型的不同，因此不同变量在接受数据之后，为方便其使用，有时需要将其强制转换为其他类型，如数值类型转换为字符串类型，具体如下所示。

```
a = 3
print(type(a))        #<class 'int'>
c = str(a)
print(type(c))        #<class 'str'>
# isinstance( 判断对象, 类型 ) 返回 True 或者 False
print(isinstance(c,int))        #False
a = 3.0
print(type(a))            #<class 'float'>
a = int(a)
print(isinstance(a,int))        #True
b = 2
c = float(b)
print(isinstance(c,float))        #True
```

上述实例中使用的isinstance（obj,type），其作用就是对obj需要存放的对象进行判断，而type是需要判断的类型，其返回值结果是bool类型，如果类型一致其结果为True，结果不一致则为False。虽然大多类型可以强制转换，但转换的类型必须是有意义的，如"int('这是一段话')"为将字符串转为int类型时，程序就会抛出异常。

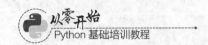
 思考与练习

1. print("A">"B")结果输出是True，还是False?

答： 问题中的字母虽然是字符串，但是却有对应的ASCII值，其大小比较也就是ASCII值的比较，所以结果输出为False，ASCII表如图2-6所示。

ASCII表
(American Standard Code for Information Interchange 美国标准信息交换代码)

高四位			ASCII控制字符										ASCII打印字符							
		0000				0001				0010	0011	0100	0101	0110	0111					
低四位		0				1				2	3	4	5	6	7					
		十进制	字符	Ctrl	代码	转义字符	字符解释	十进制	字符	Ctrl	代码	转义字符	字符解释	十进制	字符	十进制	字符	十进制	字符	十进制	字符	十进制	字符	Ctrl
0000	0	0		^@	NUL	\0	空字符	16	►	^P	DLE		数据链路转义	32		48	0	64	@	80	P	96	`	112	p	
0001	1	1	☺	^A	SOH		标题开始	17	◄	^Q	DC1		设备控制1	33	!	49	1	65	A	81	Q	97	a	113	q	
0010	2	2	☻	^B	STX		正文开始	18	↕	^R	DC2		设备控制2	34	"	50	2	66	B	82	R	98	b	114	r	
0011	3	3	♥	^C	ETX		正文结束	19	‼	^S	DC3		设备控制3	35	#	51	3	67	C	83	S	99	c	115	s	
0100	4	4	♦	^D	EOT		传输结束	20	¶	^T	DC4		设备控制4	36	$	52	4	68	D	84	T	100	d	116	t	
0101	5	5	♣	^E	ENQ		查询	21	§	^U	NAK		否定应答	37	%	53	5	69	E	85	U	101	e	117	u	
0110	6	6	♠	^F	ACK		肯定应答	22	▬	^V	SYN		同步空闲	38	&	54	6	70	F	86	V	102	f	118	v	
0111	7	7	•	^G	BEL	\a	响铃	23	↨	^W	ETB		传输块结束	39	'	55	7	71	G	87	W	103	g	119	w	
1000	8	8	◘	^H	BS	\b	退格	24	↑	^X	CAN		取消	40	(	56	8	72	H	88	X	104	h	120	x	
1001	9	9	○	^I	HT	\t	横向制表	25	↓	^Y	EM		介质结束	41	)	57	9	73	I	89	Y	105	i	121	y	
1010	A	10	◎	^J	LF	\n	换行	26	→	^Z	SUB		替代	42	*	58	:	74	J	90	Z	106	j	122	z	
1011	B	11	♂	^K	VT	\v	纵向制表	27	←	^[	ESC	\e	溢出	43	+	59	;	75	K	91	[	107	k	123	{	
1100	C	12	♀	^L	FF		换页	28	∟		FS		文件分隔符	44	,	60	<	76	L	92	\	108	l	124			
1101	D	13	♪	^M	CR	\r	回车	29	↔		GS		组分隔符	45	-	61	=	77	M	93	]	109	m	125	}	
1110	E	14	♫	^N	SO		移出	30	▲	^^	RS		记录分隔符	46	.	62	>	78	N	94	^	110	n	126	~	
1111	F	15	☼	^O	SI		移入	31	▼	^-	US		单元分隔符	47	/	63	?	79	O	95	_	111	o	127	△	^Backspace 代码: DEL

注：表中的ASCII字符可以用"Alt + 小键盘上的数字键"方法输入。　　　　2013/08/08

图 2-6 ASCII表

2. input()可以执行控制台操作，输入如下代码并且执行程序，在控制台中输入参数后接着按【Enter】键，将输出结果，提示如下。现有一个通用公式，人的体质指数（BMI）= 体重（kg）÷（身高（m）x 身高（m）），请在控制台中输入人的身高、体重。请问人的BMI值（建议基本运算符操作代码越少越好）为多少?

```python
higth = input("请输入你的身高：")            #172
print(higth+"cm") #结果输出 172cm，注意字符串之间可以使用 "+" 号进行拼接
```

答： 实例代码如下，其中身高和体重都是数值类型，所以在输入时需要进行强制转换，因在输出时以字符串类型输出，所以需再次强转为字符串类型。

```python
weight = float(input("请输入你的体重(kg)："))
height = float(input("请输入你的身高(m)："))
print("人的体质指数（BMI）="+str(weight/height**2))
```

? 常见异常与解析

1. 字符串之间的强转换报出异常，并强制将字符串转为整数类型，如图2-7所示。

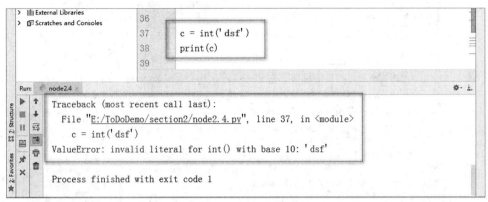

图 2-7　强制转换异常

这种异常的原因在于字符串不是数字类型，不能进行强制转换，所以抛出异常。但是对应的字符却是有ASCII 数值的，可以通过使用ord()获取字符串的ASCII 数值，与之类似的还有chr()，它也可以通过对应的ASCII 数值返回相应的字符 。

2. by zero异常如图2-8所示。

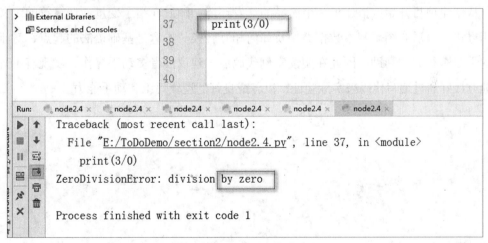

图 2-8　by zero异常

这种异常的原因在于除数不能为0。它可在程序中自定义异常从而定位程序中bug的位置，这对于以后的测试来说是比较方便的。

3. 字符串拼接异常，如图2-9所示。

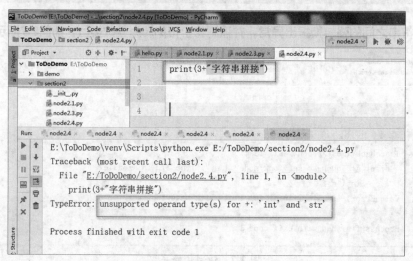

图 2-9　拼接异常

这种异常的原因在于字符串的拼接，因为不同语言的拼接方式是不同的，而在 Python 中对于拼接限制为同类型连接方式，即只有字符串才能和字符串进行拼接。

 本章小结

从创建项目开始，搭建了一个简易的开发环境。随后介绍了变量、运算符的定义和使用方法，最后介绍了基本数据类型及如何相互转换。本章是基础语法的起点，对于后期的学习有很大的帮助。因此在阅读实例代码后，建议读者多动手操作，发现有不理解的地方最好通过编写代码来实际验证，以养成良好的逻辑思维和动手能力。

第 **3** 章

容　器

本章导读 ▶

　　Python中可以将常见的数据结构统一称为容器，其中内建容器有list、tuple、dict、set。容器的作用是方便统一储存数据和管理数据，本章将学习对多种数据类型的增加、删除、修改等常规操作的方法。

知识架构 ▶

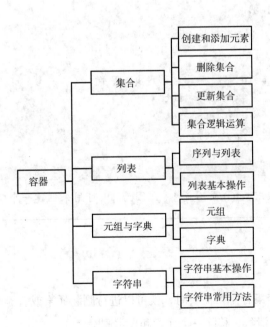

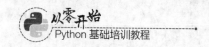

3.1 集合

在Python中被称为集合的数据类型是set。集合是指一个无序且不重复元素的组合，由于其自身特性的原因，该类型的查询速度同比其他类型较低，可作为去重使用。

3.1.1 创建和添加元素

变量在使用过程中会越来越多，如果每一个元素都去声明一个变量，就会很占内存。开发者需要将元素统一放入容器中，这些常规操作便是对元素的管理。集合就是这样一个容器，所以容器的操作就是元素的操作。下面了解如何创建和添加元素。

1. 创建元素

创建元素是集合操作中最基础的部分，其创建方式有以下两种。

① 直接使用{}大括号创建，如{1,2,3}。

② 使用set()创建，如set(1,2,3)，其中空集合必须使用set()进行创建。

2. 添加元素

向集合中添加元素可以使用add()来实现。语法如下。

```
setName.add(element)    #setName 指元素的集合名称，element 指添加的元素对象
```

集合的创建元素和添加元素，具体实例如下所示。

```
a = {2, 3, 5, 6, 100}
b=set('abcdefabcd')
c = {1,2,3}
c.add(4)
if __name__ == "__main__":      # 主线程执行程序
    print(type(a))   # <class 'set'>
    print(type(b))   # <class 'set'>
    print(c)    # {1, 2, 3, 4}
```

温馨提示

创建一个空集合必须用 set( ) 而不是 { }，因为 { } 可用来创建一个空字典。

3.1.2 删除集合

当某个元素或者整个集合不再需要时，就可以进行删除元素或者删除集合。另外，删除操作又可以细分为移除、清除、移除一个元素和异常删除。

[44]

1. 移除（remove）

移除集合中的指定元素使用remove，移除指定元素的语法和具体实例如下所示。

```
Set.remove(item)  #item 是移除集合中指定的元素
a = {1,2,3,9}
a.remove(9)
print(a)  # {1, 2, 3}
```

2. 清除（clear）

清除集合中的多个元素使用clear，清空集合的语法和具体实例如下所示。

```
Set.clear()  # 清空集合中的所有元素
fruits = {"apple", "banana", "orange"}
fruits.clear()
print(fruits) # set()
```

3. 移除一个元素（pop）

由于集合具有无序性，所以pop在集合中只能随机移除一个元素，pop移除的语法和具体实例如下所示。

```
Set.pop()  # 移除集合中的一个元素
electric = {"fan","TV","computer"}
electric.pop()
print(electric) #{'computer', 'fan'}
```

4. 异常删除（discard）

集合中有些元素并没有存在，却需要执行删除操作，这样就会抛出异常。为了避免产生程序运行异常，就产生了这种特殊的删除方法，异常删除集合的语法和具体实例如下所示。

```
Set.discard（item）
s = {11, 22, 33}
s.discard(11)
s.discard(44)  # 移除不存的元素且不会报错
print(s)
```

温馨提示

set 是一个无序且不重复的元素集合。因此它是一个不支持索引、值不重复添加的容器，这是一个与其他容器差别较大的地方，也是容易在后续编码中出现异常的所在。在其他容器中 pop 是指定移除或者移除最后一个元素，但在集合中 pop 移除的是随机元素，这是由于集合的无序性导致的。

3.1.3 更新集合

更新集合包括两种情况：当集合中元素不存在时，默认为添加元素；当集合中元素存在

时，会替代原有的元素。更新集合的语法和具体实例如下所示。

```
Set.update（set） # Set 为需要更新的集合，set 为更新的元素
fruits = {"apple", "banana", "orange"}
url = {"firefox", "baidu", "apple"}
fruits.update (url)
print (fruits)  #{'banana', 'orange', 'baidu', 'firefox', 'apple'}
```

3.1.4 集合逻辑运算

当集合存在一个和多个时，为方便集合间的管理，在Python中可以对集合类型进行合并和删减操作，具体实例如下所示。

```
a = set('123ABC')
b = set('BCDE')
print(a^b) #{'D', '2', '3', 'A', '1', 'E'}
print(a|b) #{'E', 'C', 'D', '3', 'B', 'A', '2', '1'}
print(a&b) #{'C', 'B'}
print(a-b) #{'1', 'A', '2', '3'}
print(b-a) #{'D', 'E'}
print((a|b)-(a&b)) #{'E', '3', 'A', '2', '1', 'D'}
```

由上可以知道减法部分中减数和被减数的顺序很重要，不同的顺序其运行结果是不同的。集合逻辑运算中同样具有优先级执行规则，所以小括号适用于此处。

3.2 列表

列表在Python中是内置的可变序列，它可以整合如整数、字符串、元组等类型。在内容上同一个列表中元素类型可以不同，并且它们之间没有任何关系。

3.2.1 序列与列表

列表是常用的Python数据类型。列表中的每个元素都分配一个数字，这个数字便指该元素在列表中的位置或称为索引，第一个索引是0，第二个索引是1，以此类推。Python中内建了6种序列：列表、元组、字符串、unicode字符串、buffer对象、xrange对象。所有序列都可以进行某些特定的操作，如索引、分片、加、乘，检查某个元素是否属于序列的成员（成员判断）和内置函数（长度、最小值、最大值），以及迭代（依次对序列中的每个元素重复执行某些操作）。

1．索引

序列中所有元素都是有编号的，且从0开始，元素可以通过编号进行访问。索引值既可

以是正整数，也可以为负整数，若为负数时，开头第一位数应为-1，而不是0，这样可避免与从左开始的第一个元素重合，序列索引的语法和具体实例分别如下所示。

```
序列 [ 索引值 ]   #序列类型的通用方法
```

```
num=[1,2,3,4,'a','b','c']
print('index:',num.index(1)) #列表函数获取索引值 index: 0
print('index:',num.index('a')) #index: 4
print('list:',num[0]) #通过索引获取列表中的值 list: 1
print('list:',num[4]) #list: a
print('list:',num[-1]) #list: c
```

2. 分片

分片也称为切片，是索引的一种升级方式。在切片的过程中，序列类型中的元素被切割开时常包含切片左侧元素，而不包含切片右侧元素，故称为左闭右开原则，这是切片的一个比较通用的规律，序列分片的语法和具体实例分别如下所示。

```
序列 [start_index,end_index,step] # start_index 开始的索引位置，end_index 结束的索引位置，step 步长
```

```
    num=[1,2,3,4,5,6,7,8,9,10]
print(num[0:1]) #[1]
print(num[-1:]) #[10]，从结尾最后一个元素开始数
print(num[-4:]) #[7, 8, 9, 10]
print(num[-4:-1]) #[7, 8, 9]，截取是从左往右，否则为空
print(num[::-1]) #[10, 9, 8, 7, 6, 5, 4, 3, 2, 1]，逆向排序
print(num[0:6]) #[1, 2, 3, 4, 5, 6]
print(num[0:6:2]) #[1, 3, 5]，步长为2，每隔两个元素截取一次
print(num[3:]) #[4, 5, 6, 7, 8, 9, 10]
print(num[:2]) #[1, 2]
print(num[::3]) #[1, 4, 7, 10]
```

3. 加

通过加运算符号可以将同种序列类型进行组合，序列相加的语法和具体实例分别如下所示。

```
序列 + 序列 #同种类型序列类型才能组合，否则抛出异常
```

```
number1=[1,2,3]
number2=[4,5,6]
num = number1+number2 #[1, 2, 3, 4, 5, 6]
print(num)
string1 = 'Hello'
string2 = 'World'
string = string1+string2 #HelloWorld
print(string)
a='13'
b='2'
```

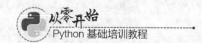

```
print(int(a)+int(b)) #15，int(a) 将字符串类型强转为数字类型
```

4. 乘

序列的乘法可以看作是序列的重复功能，让原有的元素以整数倍增加，序列乘法的语法和具体实例分别如下所示。

```
序列 *  int 类型 # 元素以 int 类型倍数重复
```

```
print('test'*2) #testtest
print([12]*2) #[12, 12]
print([12,12,12]*(-2)) #[]
```

5. 成员判断

判断一个元素是否存在一个序列中，可使用判断符in或者not in，元素若存在则为True，元素不存在则为False，成员判断的语法和具体实例分别如下所示。

```
元素 in 序列 # 返回值是布尔类型
```

```
strings = 'demo'
print('d' in  strings) #True
print('d' not in  strings) #False
lists = [1,2,3,4,5,[12]]
print(1 in  lists) #True
print(12 in  lists) #False
```

6. 长度最大值和长度最小值

序列都是有长度的，而这个长度的大小可以通过内置函数len()来获取，同样序列中最大元素和最小元素也可以通过max()和min()来获取。除此之外内置函数既可判断序列对象，也可以判读非序列对象，其语法和具体实例分别如下所示。

```
len( 序列 ) 、max( 序列 ) 、min( 序列 ) # 判断的对象是多种类型
```

```
lists = [1,3,5,6,8]
ls = [12,32,53,46,85]
print(len(lists)) #5
print(min(lists)) # 最小值为 1
print(max(lists)) # 最大值为 85
sets = {'adc',12,15,20}
print(len(sets))  #4，集合也可以判断
```

3.2.2 ▶ 列表基本操作

序列操作方式是基础语法中常用的，如果列表是序列，那么它就可以使用序列的通用语法。在3.2.1节中已经通过列表来对序列的通用语法进行了说明，接下来将介绍列表中的基本操作方法。

1. 元素赋值

列表的创建方式较为单一，通过中括号[ ]将元素存放其中，并且以逗号隔开即可。此处通过索引和等号赋值的语法特性将列表中的元素进行替换。若索引为切片时，该方式将进行切片赋值，具体实例如下所示。

```
lists = [1,2,3,4,5,6,7,8]
print(lists) #[1, 2, 3, 4, 5, 6, 7, 8]
lists[2] = 7
print(lists) #[1, 2, 7, 4, 5, 6, 7, 8]
lists[1:7] = [1.1,1.3]
print(lists) #切片赋值，[1, 1.1, 1.3, 8]
```

2. 删除元素

列表中元素的删除，指将指定索引位置的元素通过del进行删除。当索引为切片时，该方式将进行切片删除，语法和具体实例分别如下。

```
del [ 索引 ]  #删除指定索引位置的元素
```

```
lists = [1,2,3,4,5,6,7,8]
print(lists) #[1, 2, 3, 4, 5, 6, 7, 8]
del lists[1]
print(lists) #指定索引删除，[1, 3, 4, 5, 6, 7, 8]
del lists[:3]
print(lists) #切片删除，[5, 6, 7, 8]
```

3. 增加元素

在列表中添加元素的方式之一，可通过append()在列表末尾的位置添加指定元素对象。该元素对象同样也可以是列表本身，语法和具体实例分别如下所示。

```
list.append(obj)   #obj指定末尾添加的元素对象
```

```
lists = [1,2,3,4,5,6,7,8]
print(lists) #[1, 2, 3, 4, 5, 6, 7, 8]
lists.append(9)
print(lists) #[1, 2, 3, 4, 5, 6, 7, 8, 9]
lists2 =[10,11,12,13]
lists.append(lists2)
print(lists) #添加列表，[1, 2, 3, 4, 5, 6, 7, 8, 9, [10, 11, 12, 13]]
```

4. 统计个数

列表经常会出现有相同元素的情况，这时若需要统计相同元素出现的次数就可以使用count()，语法和具体实例分别如下所示。

```
list.count(obj)   #obj指定需要判断出现次数的列表元素对象
```

```
lists = [1,2,3,4,5,6,7,8,3,3,2,3,2,1]
print(lists.count(3)) #4次
print(lists.count(2)) #3次
```

5. 扩展列表

列表中若需要添加一个整体的列表对象，就需要使用extend()，在原有列表基础之上进行扩展成为新列表，新列表中原有两个列表的元素不会发生重叠。具有相同类似效果的还有使用"+"号对两个不同列表进行组合，语法和具体实例分别如下所示。

```
list.extend(list2)   # list2 扩展的列表。
```

```
lists = [1,2,3,4,5,6,7,8]
list2 = [1,2,3,4]
list3 = [1,2,3,4]
lists.extend(list2)
print(lists) #[1, 2, 3, 4, 5, 6, 7, 8, 1, 2, 3, 4]
print(lists+list3) #[1, 2, 3, 4, 5, 6, 7, 8, 1, 2, 3, 4, 1, 2, 3, 4]
```

6. 获取索引

有时需要通过元素找到列表索引的位置，就可以通过index()方法获得对应的索引值，语法和具体实例分别如下所示。

```
list.index(obj)   #obj 列表中的元素
```

```
lists = ['a','b','c','d','e','f']
print('index:',lists.index('a')) #0
print('index:',lists.index('f')) #5
```

7. 插入元素

当需要向列表指定索引位置中添加元素时，就需要借用insert()方法，把需要插入的元素对象插入其中，语法和具体实例分别如下所示。

```
list.insert(index,obj)   #index 索引 ,obj 需要插入的元素
```

```
lists = [1,2,3,4,5,6,7,8]
lists.insert(2,15)
print(lists) #[1, 2, 15, 3, 4, 5, 6, 7, 8]
lists.insert(-1,0)
print(lists) #逆向插入，[1, 2, 15, 3, 4, 5, 6, 7, 0, 8]
```

8. 移除最后一个元素

同集合一样，列表中同样也有pop()方法，使用该方法可以直接移除列表的最后一个元素，并且还可以指定索引移除元素，语法和具体实例分别如下所示。

```
list.pop()
```

```
lists = [1,2,3,4,5,6,7,8]
lists.pop(4)
print(lists) #指定索引移除 ,[1, 2, 3, 4, 6, 7, 8]
lists.pop()
print(lists) #移除最后一个元素, [1, 2, 3, 4, 6, 7]
```

9. 删除元素

当知道元素但不知道索引时，若要删除该元素就要使用remove()方法，语法和具体实例分别如下所示。

```
list.remove(obj)   #列表中的元素
```

```
lists = [1,2,3,4,5,6,7,8]
lists.remove(7)
print(lists) #[1, 2, 3, 4, 5, 6, 8]
```

温馨提示

remove() 用于移除列表中某个值的第一个匹配项，并且不返回删除值；pop() 用于移除列表中的一个元素（默认为最后一个元素），并且返回该元素的值；del() 则根据索引删除元素。

10. 元素排序

列表是无序且可重复的，因此在使用过程中常需要进行排序，其使用方法有sort()、sorted()。sorted()与sort()的区别主要在于sorted()不会改变原来的列表，而是返回一个排好序的新列表，并且它还作用于任何可以迭代的对象，因此使用更为广泛，语法和具体实例分别如下所示。

```
list.sort()
```

```
sorted(list)    #返回一个新的列表
lists = [1,5,2,3,4,9,6,7,8]
lists2 = [2,7,4,8,9]
lists.sort()
print(lists) #[1, 2, 3, 4, 5, 6, 7, 8, 9]
print(sorted(lists2)) #[2, 4, 7, 8, 9]
```

11. 逆向排序

列表中内置的还有逆向排序函数，其作用是将值逆向排序，如从大到小返回原来的列表，语法和具体实例分别如下所示。

```
list.reverse()   #逆向排序
```

```
lists2 = [2,7,4,8,9]
lists2.reverse()
print(lists2) #[9, 8, 4, 7, 2]
```

3.3 元组与字典

元组是固定且不可改变的。这意味着元组被创建后，其内容无法被修改，且大小也无法

被改变，一旦发生改变如赋值或添加，它将在内存中被重新创建。元组缓存于Python运行时的环境中，因此，在使用元组时无须访问内核去分配内存，这是不可变对象的特性。字典是另一种可变容器模型，且可存储任意类型的对象。字典拥有key-value键值对独有的数据类型特性，因此，通过key值可以快速地查找到对应的值。

3.3.1 ► 元组

元组的创建很简单，只需要在括号中添加元素，并使用逗号隔开即可。需要注意，当元组内只有一个元素时，逗号也不能省略。元组与列表类似，都是序列对象，因此，可以通过索引访问，任意嵌套组合，并在序列中同样拥有通用功能的元组。下面简述元组的部分功能。

1．元组的创建和使用

元组虽然不可变，但元组中嵌套可变元素时，该可变元素是可以修改的，元组本身不变。为方便理解，在此使用id(obj)函数，其作用是可以通过obj对象查看内存中分配的地址，若地址不变则表示该对象没有被重新创建，其语法和具体实例分别如下所示。

```
t = ('a','b','c','d',1,2,2,3,4)

t1=('a',)
print(t.count('a')) #1
print(t.index(2)) #5
t = t+t1
print(t) #嵌套，('a', 'b', 'c', 'd', 1, 2, 2, 3, 4, 'a')
print(t1*2) #('a', 'a')
t2 = ('a','b','c','d',1,2,2,3,4,[1,2,3,4])
print(id(t2)) #39903688
t2[-1].append(5)
print(id(t2)) #元素发生变化但 id 地址不变 ,39903688
print(t2[2:]) #切片 ,('c', 'd', 1, 2, 2, 3, 4, [1, 2, 3, 4, 5])
```

2．tuple()

tuple()方法可以将其他类型的序列转换为元组类型，语法和具体实例分别如下所示。

```
tuple(seq)   #seq 是转换为元组的序列

t = [1,2,3,4]
t1 = 'abc'
print(tuple(t)) #(1, 2, 3, 4)
print(tuple(t1)) #('a', 'b', 'c')
```

3.3.2 ► 字典

字典指通过特定的关键词或者部首，找到其定义的值。因此在Python中的字典具有以下3个特点。

- 映射类型中的数据是无序排列的。
- 用来存储大量的关系型数据。
- 查找速度快。

通常字典的使用率都高于列表，如人的基本信息包括年龄、性别都可作为字典的值。下面介绍字典的使用方法。

1. 字典创建

字典由多个键和其对应值构成的键值对组成，键和值中间以冒号隔开，项之间用逗号隔开，整个字典是由大括号{}括起来的，语法和具体实例分别如下所示。

```
D ={"key":"value","key2":"value"}  #key 为键，value 为值
```

```
d = {"Tom":"汤姆 ","Jerry":"吉米 "}
d1 = {'x':1,2:'y',"z":[1,3]}
print(d,d1)
```

在Python中有内置函数可以用来创建列表和元组，同样会有相应的函数来创建字典，zip()是在Python的一个内建函数，它接受一系列可迭代的对象作为参数，将对象中对应的元素打包并且存放在内存中（堆是一种数据结构，后续相关章节将详细介绍），语法和具体实例分别如下所示。

```
D = dict(zip(list,list1))  #list 用于生成字典的键，list1 用于生成 value 的值
```

```
keys = ['a', 'b', 'c', 'd']
values = [1, 2, 3, 4]
t = zip(keys, values)
print(t) #<zip object at 0x00000000021B9E88>,zip() 返回一个地址
print(dict(t)) #dict 返回一个字典
# print(list(t)) ,返回一个列表
# print(tuple(t)) ,返回一个元组
```

温馨提示

在字典中键是唯一的，但其值可以相同。

2. 字典基本操作

字典因为其独有的键值对结构，使其不仅可读性高而且查询速度快。因此Python中除了基本的增加、修改、删除外，还有不少提供查询的函数。

（1）添加数据

字典的元素添加除了可以直接赋值操作外，还提供了函数对其操作，其目的在于区分集合。

① 直接赋值。直接赋值指先创建一个空字典后，再直接通过对应的键进行赋值。需要注意的是，空字典的创建方式和集合set的创建结果是一样的，具体实例如下所示。

```
d = {}
d['name'] = "tomcat"
print(d)   #{'name': 'tomcat'}
d["age"] = 10
print(d)    #{'name': 'tomcat', 'age': 10}
```

② 函数添加。使用函数添加数据可使用setdefault()的方法，只在没有相同的键时进行添加，并返回对应键的值，具体实例如下所示。

```
d1 = {"name":"tom"}
d1['sex'] = "man"
d1.setdefault("name","Jerry") #设置默认 key 值，可防止 key 重复添加
d1.setdefault("sex","woman")
print(d1)    #{'name': 'tom', 'sex': 'man'}
```

（2）修改数据

当key值已经存在时，对其key值直接赋值便是进行修改操作。除此之外，Python也提供函数可进行修改的操作。

① 赋值修改。赋值修改是基于原字典基础上的修改。若没有对dict["key"]进行赋值行为时，该方法是获取字典中key对应的value值，具体实例如下所示。

```
d3 ={'bookName':"dict"}
d3["bookName"] = "Python"
v = d3["bookName"]   #通过 key 键查找值
print(v)   #Python
print(d3)    #{'bookName': 'Python'}
```

② 函数修改。函数修改可以进行多个字典之间的数据修改，语法和具体实例分别如下所示。

```
dict.update(dict1)          #dict1，添加指定 dict 中的字典
```

```
dict = {'Name': 'jack', 'Age': 7}
dict2 = {'Sex': 'woman' }
dict.update(dict2)
print (dict)      #{'Name': 'jack', 'Age': 7, 'Sex': 'woman'}
```

（3）删除数据

因为字典本身具有的键值对特性，使其删除也有独特之处，如pop()就可以通过指定的key键来进行删除操作，这样程序的执行时间就会很快。

① 删除键值对。删除键值对是指随机删除一个对应的键值，并返回删除后的字典。语法和具体实例分别如下。

```
dict.popitem()
```

```
dict1 = {'Name': 'jacklemon', 'Age': 17,'sex':"man"}
dict1.popitem()
```

```
print(dict1)    #{'Name': 'jacklemon', 'Age': 17}
```

② pop删除。Pop删除是指删除指定key对应的值，如果没有该键，则返回None。语法和具体实例分别如下。

```
dict.pop("key",None)      #key，要删除的键
```

```
dict = {'Name': 'lixiaolong', 'Age': 18,'Sex':'man'}
dict.pop("Age")
print(dict) #{'Name': 'lixiaolong', 'Sex': 'man'}
d = dict.pop("higth",None)
print(d)    #None
```

③ 删除指定key。删除指定key是指删除单一的元素，语法和具体实例分别如下所示。

```
del dict("key")
```

```
dict = {"apple":" 苹果 ","banana":" 香蕉 "}
del dict["apple"]
print(dict) #{'banana': ' 香蕉 '}
```

④ 清空字典。清空字典是指删除掉字典中所有的元素，语法和具体实例分别如下所示。

```
dict.clear()
```

```
dict = {"apple":" 苹果 ","banana":" 香蕉 "}
dict.clear()
print(dict) #{}
```

（4）查询数据

同删除数据一样，查询数据也有很多种情况，下面通过具体实例进行介绍。

① 获取字典中所有key键元素，语法和具体实例分别如下所示。

```
dict.keys()
```

```
dict = {"title":"Python","head":"P"}
keys = dict.keys()
print(keys)  # 获取所有 key 值 ,dict_keys(['title', 'head'])
```

② 获取字典中所有的value值，语法和具体实例分别如下所示。

```
dict.values()
```

```
dict = {"title":"Python","tool":"Pycharm"}
values = dict.values()
print(values)    #获取所有的 value 值 ,dict_values(['Python', 'Pycharm'])
```

③ 返回可以遍历的（键、值）元组数组，语法和具体实例分别如下所示。

```
dict.items()
```

```
dict = {'addr': 'www.google.com', 'title':' 浏览器 '}
it = dict.items()
```

```
print(it)    #dict_items([('addr', 'www.google.com'), ('title', '浏览器')]),
             #返回一个元组数组
```

3. 其他常见方法

字典除了上述基本使用方法，还提供了一些深拷贝方法、浅拷贝方法、get方法、Fromkeys方法。

（1）方法copy（拷贝）

方法copy是指返回一个新字典，具有的特性是只拷贝父对象，不拷贝对象的内部子对象，且在源对象上操作时新对象可能会受影响。与之相似的还有deepcopy（深拷贝），其具有的特性是完全拷贝了父对象及其子对象，且在源对象上操作时新对象不受影响，具体实例如下所示。

```
from copy import deepcopy        #导入相关的依赖包
dict1 = {1: 1, 'language': 'Python', 'num': [1, 2, 3]}
# 直接赋值
dict2 = dict1
dict3 = dict1.copy()
dict4 = deepcopy(dict1)

dict1[1] = 2
dict1['user'] = '123'
dict1['num'].remove (1)
print('直接赋值:',dict2)#直接赋值: {1: 2, 'language': 'Python', 'num':[2, 3],
                       #'user': '123'}
print('浅拷贝:',dict3)    #浅拷贝: {1: 1, 'language': 'Python', 'num':[2, 3]}
print('深拷贝:',dict4)    #深拷贝: {1: 1, 'language': 'Python', 'num':[1, 2, 3]}
```

温馨提示

通过dict[]获取对应的value值，此时的value值是列表形式，应遵守序列的通用方法。因此，使用remove方法可移除value中的元素对象。读者还可以多做尝试，如通过多层嵌套方式来掌握字典的使用，代码如下所示。

```
dict = { 'num': [1, 2, {"test":(1,2)}]}
print(dict['num'][-1]['test'][1])
```

（2）方法get

方法get是指返回指定键的值，如果值不存在，则字典返回默认值。在使用get方法时需要注意，返回值None是否会对结果产生影响，语法和具体实例如下所示。

```
dict.get(key,default=None)   #default 默认值为 None
```

```
dict = {'Name': 'yuanyue',"season":None}
print (dict.get('sex', "woman"))  #woman,设置返回默认值
# print (dict['sex'])  #如果元素不存在则抛出异常，并不会返回 None
```

```
print (dict.get('sex'))  #没有对应的键，返回 None
print (dict.get('season'))  #存在的 value 值为 None
```

（3）方法Fromkeys

方法Fromkeys是指对给定的键建立新的字典，每个键都对应一个默认的值None（也可以自己设立默认值），可以和dict()一起使用，语法和具体实例分别如下所示。

```
dict.fromkeys(seq,value)  #value 是新产生字典中 key 所对应的值
```

```
seq = ('Google', 'Baidu', 'Python')
dict = dict.fromkeys (seq)
print(dict)      #{'Google': None, 'Baidu': None, 'Python': None}
dict = dict.fromkeys (seq, 1)
print(dict)      #{'Google': 1, 'Baidu': 1, 'Python': 1}
```

3.4 字符串

字符串是常用的数据类型，它在Python中是标准的序列，应遵循序列的通用方法。由于它是数字、元组等不可变类型中的核心成员，相对于列表、字典等可变类型而言，不能进行元素赋值和截取元素赋值的操作。

3.4.1 字符串基本操作

字符串的基本操作就是字符串的拼接，由于字符串的使用率极高，所以在Python中提供了不少对其进行处理的方法。下面将对字符串的基本操作进行介绍。

1．字符串拼接

在前面章节已多次使用了字符串，字符串的创建只要将有引号的字符结合在一起即可，而在Python中并没有明确表示双引号和单引号的区别。因此，在使用的过程中只需要记住引号不能交叉使用即可，只能双引号内部套用单引号，或者单引号内都套用双引号。

下面将通过多种方式对字符串进行拼接操作，读者可以根据代码实际运行效率情况或者习惯进行选择。

温馨提示

编码中所有格式的符号必须使用英文状态，如中文的"。"，在编辑代码时只能使用"."。

（1）运算符拼接

"+"是运算符，它也可以对字符串进行拼接，其具体实例如下所示。

```
fruit1 = " 苹果"
```

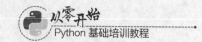

```
fruit2 = " 香蕉 "
fruit3 = " 梨 "
str1 = ' 我有 ' + fruit1 + ',' + fruit2 + ',' + fruit3
print(str1)  #我有苹果 , 香蕉 , 梨
```

（2）函数拼接

Python字符串不仅可以直接输出，也可以提供对应的函数对其进行拼接，具体实例如下所示。

```
fruit1 = " 苹果 "
fruit2 = " 香蕉 "
fruit3 = " 梨 "
str2 = ' 我有 %s,%s,%s' % (fruit1,fruit2,fruit3)
str3 = ' 我有 {},{},{}'.format(fruit1,fruit2,fruit3)
print(str2)  #我有苹果 , 香蕉 , 梨
print(str3)  #我有苹果 , 香蕉 , 梨
```

其中format()是Python新版本中的一种使用方式，其操作简单快捷，不用区别传入值的类型。%s是以前语法的一种支持格式，虽然上面的案例中使用%s替代整数类型不会抛出异常，但是如需要向字符串中添加数字整数类型就要使用%d。总而言之，传入值在传入之前必须进行分类判断。

温馨提示

使用占位符进行字符串拼接时，其字符不同代表传入的参数也就不同，如表3-1所示。

表 3-1 字符串格式说明

字符串	说明	字符串	说明
%c	整数解读为 Unicode 码	%f	可指定精度浮点数字
%s	字符串	%e	科学计数法浮点数
%d	整数视为十进制数	%x	整数视为小写十六进制数
%b	整数视为二进制数	%X	与 %x 相同，但使用的是大写
%o	整数视为八进制数	%E	与 %e 相同，但使用 E 表示指数

（3）join拼接

join拼接是指使用join()方法将字符串进行拼接，拼接后返回一个新的字符串，语法和具体实例分别如下所示。

```
'sep'.join(seq)  #sep: 分隔符，可以为空或者空格，seq: 要进行拼接的元素
```

```
fruit1 = " 苹果 "
fruit2 = " 香蕉 "
fruit3 = " 梨 "
temp = [' 我有 ',fruit1,fruit2,fruit3]
print('-'.join(temp))  #我有 - 苹果 - 香蕉 - 梨
```

2. 特殊字符转义

后续章节中将会出现如r"\n"的转义符号，其中"r"是防止"\n"进行转义的，让其以普通字符串形式输出。这里可先了解一些特殊转义符号，如表3-2所示。

表 3-2 特殊转义符

名称	说明
\	续行符 (字符串两行连接处)
\\	反斜杠
\'	单引号
\"	双引号
\b	退格 （消除上一个字符）
\n	换行
\r	回车
\f	换页
\000	打印一个空格 （命令行）
\a	响铃 （命令行）

以上特殊转义符号中，\000和\a需要在cmd命令行中进行输出才能得到结果。正因为有这样的特殊字符，当需要将原字符以字符串形式输出时，就要使用防止转义符号，如"r"和"\"，它们分别作用于字符串之前和转义字符之前，具体实例如下所示。

```
print("acbsf\bs")     #acbss
print("acbsf\\bs")    #acbsf\bs
print(r"acbsf\bs")    #acbsf\bs
```

3.4.2 字符串常用操作

英文字母中存在大小写的区别，如账号登录中要求密码有多少位大写和多少位小写，以及对手机号的验证，这些都是对字符串的处理。这些常用操作中，Python同样提供了方便、简洁的处理方法。

1. 字符串的大小写

使用字符串方法变小写或者大写后都会返回一个新的字符串，因此原有变量中的值，是不会发生变化的。在代码编写过程中如需要不区分字符串大小写时，此方法很实用，语法和具体实例分别如下所示。

```
Str.lower()  #字符串小写

Str.upper()  #字符串大写
name = 'GOOGLE'
print(name.lower()) #google,执行方法后返回新的字符串
print(name) #GOOGLE
t = name.title()
print(t) #Google,首字母大写
print(t.upper()) #GOOGLE,字符大写
```

2. 字符串检索开始和结束

在保存文件或者查找文件时经常会需要判断文件的后缀名，这时就可以考虑使用endwith方法或者startswith方法，语法和具体实例分别如下所示。

```
Str.startsswith(prefix,start,end)
#str 指原字符串，prefix 指要检索的字符串，start 指检索的起始位置索引，默认从头开始；
#end 指结束位置索引，默认为结尾
Str.endswith(suffix,start,end)
#str 指原字符串，suffix 指要检索的字符串，start 指检索的起始位置索引，默认从头开始；
#end 指结束位置索引，默认为结尾
str = "this is test"
print (str.startswith( 'this' ))    # True，指字符串是否以 this 开头
print (str.startswith( 'string', 4 ))  # False，指从第 4 个字符开始的字符串是否以
                                    # string 开头
print (str.startswith( 'this', 0, 4 )) # True，指从第 0 个字符开始到第 4 个字符结
                                    # 束的字符串是否以 this 开头
```

3. 字符串的替换

字符串是序列，可以进行截取操作，但是由于字符串是不可变类型，因此不能进行截取赋值。这时就只能使用replace方法来进行替换，语法和具体实例如下。

```
Str.replace(old,new[,num])   #old 指将被替换的字符串，new 指用于替换的字符串，替换次
                             # 数不超过 num
```

```
str = "the is i the is i the is i the is i "
print( str.replace("is", "was"))     #输出：the was i the was i the was i the was i
print (str.replace("is", "was", 3))   #输出：the was i the was i the was ithe is i
```

4. 字符串的分割

split是一个非常重要的字符串方法，常用作将字符串分割成序列，语法和具体实例如下所示。

```
Str.split(str,num)    #str 默认空格为分隔符，num 指分割次数，默认为 -1，表示全部分割
str = "this is string"
print (str.split( ))    #['this', 'is', 'string']
print (str.split('i',2))    #['th', 's ', 's string']
print (str.split('x'))   #['this is string']
```

⚙️ 思考与练习

1. 存在两个列表a = [1, 2, 3, 4]和b = [5, 6, 7, 8]，现需要通过代码将列表a和列表b进行向量加减，该如何实现[c1,c2]和[d1,d2]的向量和为[c1+d1,c2+d2]？

答：要解决这个问题，首先要做准备工作，然后才能进行代码编辑。

（1）准备工作

方法一：在编辑区写入import numpy后，选择numpy选项，按【Alt+Enter】组合键，将弹出如图3-1所示的选项栏，选择【install package numpy】选项，耐心等待一会，直到Pycharm工具提示成功实例化。

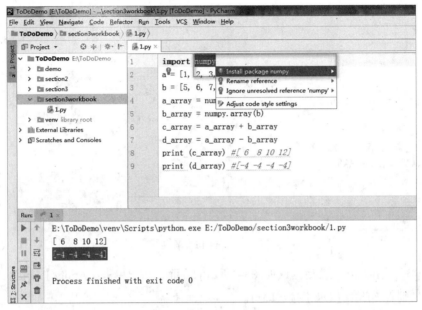

图 3-1　导入import numpy

方法二：按如下步骤进行操作。

步骤01： 选择【file】→【settings】选项，打开如图3-2所示的界面，单击右上方【+】按钮。

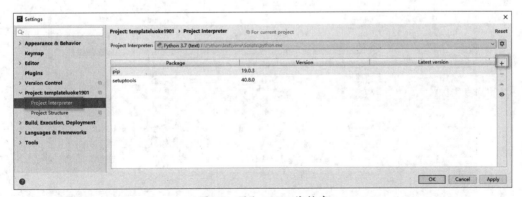

图3-2　添加numpy依赖库

步骤02： 在弹出对话框的输入框中输入"numpy"，查看对应的版本号，单击【Install Package】按钮，如图3-3所示。然后耐心等待直到提示安装成功。

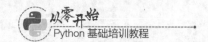

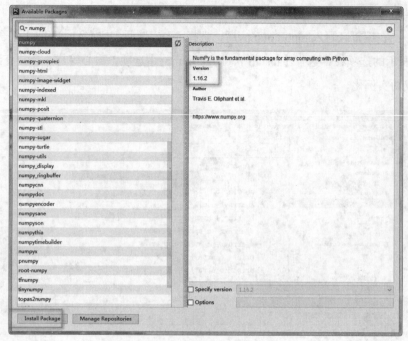

图3-3　Install安装包

步骤03： 当Install 成功后返回如图3-4所示的界面，切记单击【Apply】按钮，如果已经变成灰色，则直接单击【OK】按钮即可。

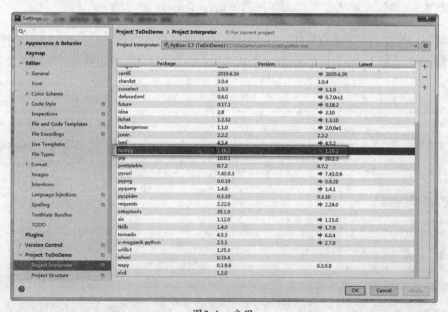

图3-4　应用

（2）代码编辑

因为在数学中已经存在这种运算法则，并且numpy是大数据运算的一种常用依赖包，所以在此给读者一个拓展的思路，通过如下代码即可完成。

```
import numpy
a = [1, 2, 3, 4]
b = [5, 6, 7, 8]
a_array = numpy.array(a)
b_array = numpy.array(b)
c_array = a_array + b_array
d_array = a_array - b_array
print (c_array) #[ 6  8 10 12]
print (d_array) #[-4 -4 -4 -4]
```

2. 怎样删除['b','c','d','b','c','a','a']的重复代码，并且保持输出结果的顺序不乱（提示 set集合可以去重，用sorted进行排序）呢?

答： 由于集合的特性是无序不重复，因此去重问题解决了。那么如何保持顺序不乱呢? 这时可考虑sorted，并且将结果的输出按索引排序，其排序也不会乱，代码如下所示。

```
ls = ['b','c','d','b','c','a','a']
ls1 = sorted(set(ls),key=ls.index)
print (ls1)
```

常见异常与解析

1. 列表进行删除某个元素时，当该元素不在其中就会抛出异常，如图3-5所示。

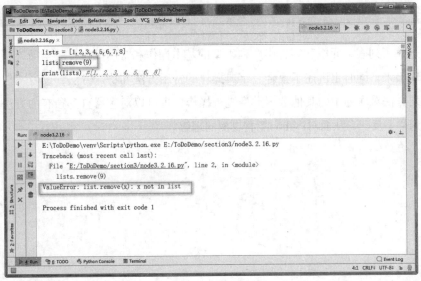

图 3-5　移除异常

此类问题的出现，是因为要删除的元素不在列表中，因此，只需要避免将要删除的元素 放在remove()中即可。后续相关章节将会学习使用if等判断语句来解决此类问题。

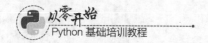

2. 索引越界异常，如图3-6所示。

这个异常是执行的索引操作超出了序列数据类型的元素长度引起的，此时只需要将截取的索引值小于或等于元素长度即可。这个异常即便是有编程经验的人也会遇到，如果在做项目期间遇到此类问题，他们会通过索引越界来排除有bug的问题。

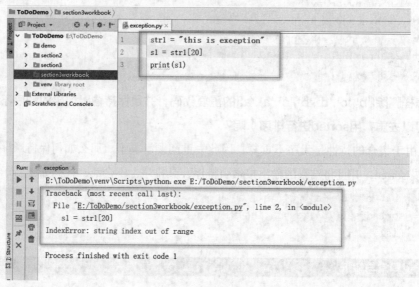

图3-6　索引越界

 本章小结

本章进述了列表、元组和字符串序列类型的基本操作和常用操作，较全面地将序列的通用方法展现出来，同时也讲述了集合、字典操作的常用方法和特殊方法，读者不仅可以通过通用的序列方法对序列中的其他数据类型进行操作，也可以对容器自身独有的方法进行多加练习，做到举一反三，从而对Python能有更深的理解。

第4章

常用语句

本章导读 ▶

　　语言的执行离不开语句，在前面的章节中已经讲解了数据类型，那么又如何将数据类型按照用户需求进行控制和执行呢？本章将根据数据处理的需求选择合适的语句，如数据条件判断及循环处理，最后分析语句执行过程中发生的异常及解决方案。

知识架构 ▶

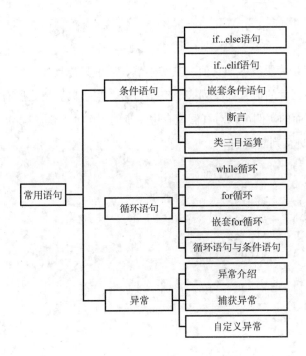

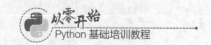

4.1 条件语句

条件语句在生活中无处不在,如聊天工具进行登录时可以扫描二维码或者使用账号,用户可以根据自身需求选择登录方式,这时程序就会根据条件语句中的条件来满足用户的需求。条件语句中共有的现象就是都需要附带条件用于对对象进行区分,断言和三目运算都可称为条件语句。

4.1.1 if...else语句

语句的语法可以部分省略不写,但是仍要遵守格式规则,不能将条件和其他语句混搭,下面将通过语法格式和语法实例来讲解if...else语句。

1. 语法格式

每种语句都是通过自己的关键词搭配代码块形成对应语法格式的,if...else语法格式如下。

```
If 表达式 :
代码块 1
else :
代码块 2
```

表达式的返回结果值只能是布尔值,并且在Python中已经默认被解释器定义为真和假的值,其语法格式如下。

```
真值: True  1
假值: False  0    None    ""      ()      []      {}
```

初学者很容易误认为假值多于真值,其实不然,假值只能是如上所述的各种基本类型和数据类型中所有为空元素的值,如空列表、空字符串、空字典。反之所有类型中含有元素时即可为真值。通过下面的实例可以对真假值有进一步的了解,实例中bool()可以将值类型强制转换为bool值,从而进行判断真假。

```
print(True == 1)      #True
print(False == 0)     #True
print(bool(""))       #False
print(bool("1"))      #True
print(bool([]))       #False
print(bool([1]))      #True
print(bool({}))       #False
print(bool({1}))      #True
print(bool(None))     #False
```

2. 语法实例

代码块的格式在不同语言中都会不同，如Java使用大括号"{}"将代码块存放其中，而在Python里面只需要在冒号":"之后换行，并且缩进4个空格，具体代码块如下所示。

```
string = "I love china"
string1 = "I like china"
if True:
    print(string)    # "I love china"
else:
    print(string1)

if 0:
    print(string)
else:
    print(string1)    #"I like china"
                      #类型中存在元素即为真
if string:
    print(string)     #"I love china"
```

温馨提示

条件语句执行的代码块只能是表达式为真。在实例中存在只有if没有else的情况，只要if后面的表达式为真，那么它的代码块就会执行，所以else的部分可以省略。

4.1.2 ▶ if...elif语句

常用的条件语句一般都带有多个条件，需要多重判断，因此诞生了if...elif这种方便简短的条件语句。下面将通过语法格式和语法实例来讲解if...elif语句。

1. 语法格式

当一个if...else不够用的时候，就需要重新写一个if...else，这样很麻烦，所以在Python中又提供了一种多条件并存判断的语句，语法格式如下所示。

```
If 表达式 :
代码块 1
elif 表达式 :
代码块 2
else:
代码块 3
```

2. 语法实例

if...elif语句中每个elif表达式条件都是同if表达式给定条件建立联系的，当第一次出现elif

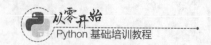

时，会自动将上一个if或者elif给定的表达式条件进行排除，而这时a的区间为[80,90)，以此类推直到else结束，具体实例代码如下所示。

```python
a = 69
if a >= 90:
    print(" 优秀 ")
elif a >=80:
    print(" 良好 ")
elif a >= 70:
    print(" 中等 ")
elif a >= 60:
    print(" 及格 ")
else:
    print(" 不及格 ")
```

4.1.3 ► 嵌套条件语句

语句之间是可以嵌套的，因此在语句及其包含的子级语句中结尾处留有冒号 ":" 的地方，它的下一级必须空出4格，直到代码块结束。下面将通过语法格式和语法实例讲解嵌套条件的语句。

1. 语法格式

一般的逻辑判断都可以通过if...else解决，那么判断之后还需进一步判断又该怎么做呢？其语法格式如下所示。

```python
If 表达式1:
If 表达式2:
    代码块 1
else:
    代码块 2
else:
    代码块 3
```

2. 语法实例

Input()函数可以实现在控制台上手动输入，并且继续执行下一步程序，实例代码如下所示。

```python
height = input(" 请输入你的身高: ")
height= int(height)
sex = input(" 请输入你的性别: ")
if height >= 174:
    if "man" == sex:
        print(" 长腿欧巴 ")
    else:
        print("I am Women")
```

　　嵌套条件语句不仅可以嵌套一层，还可以嵌套多层。而多层嵌套条件语句的语法和使用都与一层嵌套类似，如同切蛋糕，第一次切成两等份，第二次将其中一块继续一分为二，以此类推，直到所需条件用完。

4.1.4　断言

　　断言并非是Python特有的语句，其他语言中同样存在。断言的实质和 if条件语句有点类似，它常用于对一个布尔表达式进行断言，如果该布尔表达式为 True，则该程序可以继续向下执行，否则程序会引发 AssertionError 错误。语法如下所示。

```
assert expression [, arguments] #expression 为需要判定的表达式, arguments 为参数
```

假设断言成绩60分以上为合格，具体实例如下所示。

```
score = input(" 请输入您的成绩:")
mark = int(score)
assert 60<= mark <= 100
print(" 你的成绩合格! ")
```

当输入的成绩不满足assert条件时，则会抛出异常如下所示。

```
请输入您的成绩:12
Traceback (most recent call last):
  File "E:/ToDoDemo/section4/node4.1.4.py", line 3, in <module>
    assert 60<= mark <= 100
AssertionError
```

　　断言在定位项目异常时可以快速追踪到具体位置，防止程序后续代码继续执行。在项目中经常会遇到一些返回值，但却不知道返回值的类型，Pycharm 工具不能智能识别和给出代码提示，如果这时使用断言，限制其类型，那么 Pycharm 工具就会识别出类型，并且给出相应的提示功能。

4.1.5　类三目运算

　　Python虽然没有其他语言中含有的三目运算，不过有类似的实现方法，如Java中实现三目运算的方式如下所示。

```
int number = 2; // 声明变量
```

```
String b = "";
b = number%2 == 0? "Even":"Odd"; // 三目运算
System.out.println(b); // 输出打印 b, 结果值为 Even
```

上述实例中,"number%2 == 0"的返回值为布尔值,如为True时,则b的赋值为三目运算中冒号":"之前的返回值,反之为冒号之后的返回值。然而在Python中并没有统一对三目运算的定义,因此读者只需要理解,其作用主要是以简化的形式集成代码,以快速完成需要的逻辑即可。

Python中实现类似三目运算的代码如下所示。

```
a = 100
b = 20
h = 0
h = a-b if a<b else a+b
print(h)
```

如果表达式中a<b的结果值是True,则返回if左侧的语句,如果结果值为False,则返回else右侧的语句,用a+b对h进行赋值。

4.2 循环语句

有时需要多次执行某个代码块或者从基本数据类型中获取数据,此时就会用到循环,让代码自身完成上一个重复的操作,那么循环语句有哪些呢?又如何区别使用这些循环语句呢?本节将逐步进行介绍。

4.2.1 ▶ while循环

while循环是Python循环语句中的一种,其语法格式类似if...else,但因具有循环的特性,又可分为以下几种情况。

1. While

While循环语句在条件成立的情况下,可重复执行代码块中的内容,语法格式如下所示。

```
while 条件表达式:
    代码块
```

其中条件表达式返回值类型是布尔,当返回值类型为真值时执行代码块,否则不执行。

温馨提示

真值的内容在前面的章节已学习过,在此仅简单说明,任何非零或非空(null)的值均为True。

while循环该如何使用呢？如将0~10中所有的偶数打印输出，代码如下所示。

```
i = 0
while i <= 10:
    if i%2 == 0:        # 输出偶数
        print(i)
    i += 1
```

上述代码执行流程是第一次循环开始之前赋值变量i=0，然后开始执行条件判断，这时的条件表达式为"0<=10"，其返回值为真，开始执行第一次循环，当代码执行到if条件表达式，判断出该次循环能被2整除的数为偶数，并且输出结果为0时，代码继续执行直到i累加为1，需要注意的是此时i值经过累加已经为1。接下来进行第二次循环，这时循环条件表达式为"1<=10"，其返回值为真，这时1不是偶数所以不会输出，接着继续累加，以此类推，直到i=10最后一个满足条件表达式为真的数字执行完成，并且以偶数输出，最后进行累加为1，此时i的值为11，不满足条件表达式，循环结束。

经过上面循环流程的介绍，可以对循环有一个初步的认识，这时读者可以自行尝试将i累加为1，将代码移动到while与if代码之间，看结果输出会有什么不同。

2. while…else

这种使用方式不常见，它的语法格式如下所示。

```
while 条件表达式:
代码块
else:
代码块
```

循环语句中else的作用是执行循环结束后不满足while条件表达式的代码块，具体如下所示。

```
count = 0
while (count < 10):
    print(count)
    count = count + 1
else:
    print(" 循环结束! count=",count)
```

3. while True

无限循环方式将在后续相关章节中使用，读者在使用过程中需要格外慎重，否则会造成内存被占满、主程序执行出现卡顿的现象，语法格式如下所示。

```
while True:
代码块
```

无限循环实例代码如下所示。

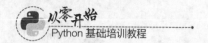

```
while True:
    print("这个循环不会停止！")
```

当执行这段代码过后，程序会一直运行，时间一长就会把CPU完全占满，这时读者就需要单击红色按钮关闭程序，如图4-1所示。

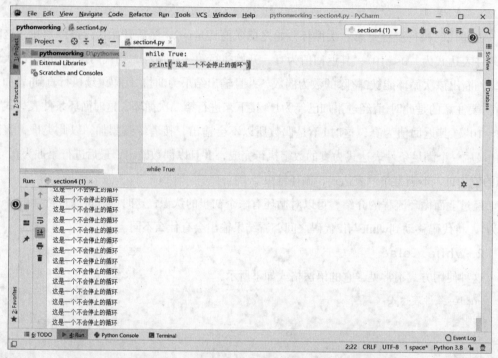

图 4-1　结束无限循环

温馨提示

在图 4-1 中，①号按钮可关闭当前窗口的主程序，②号按钮可关闭所有正在运行的主程序。

4.2.2　for循环

for循环是Python中使用最多的循环语句，其作用于可迭代器对象。这些对象既可以是序列成员如列表、元组、字典，也可以是集合文件等类型。

for循环之所以能够普遍使用，得益于其语法简洁，其语法格式如下所示。

```
for variable_name in iterator:    #variable_name 为自定义变量名，iterator 为可迭代
                                  # 对象
代码块
```

下面将展示for对不同类型进行循环遍历所输出的结果，并进行分析，实例代码如下所示。

```
books = [" 情书 ", " 悲惨世界 ", " 偷影子的人 "]
for name in books:
    print(name)        #输出遍历列表
for x in [1, 2, 3, 4, 5, 6, 7, 8, 9, 10]:
    print(x)
for i in range(1,11,1):    #range[start,stop,step]
    print(i)
for book in range(len(books)):
    print(" 这本书的名字叫 <<{}>>".format(books[book]))    #book 为该列表长度的索引
```

在上述实例中，包含着range()的使用，其同样遵守左闭右开原则，起始索引和步长可以省略不写，如上述所示len(books)，可通过列表长度将列表元素循环遍历出来。

同样for循环语句也有else，其作用效果与while循环语句一样，在正常循环执行下会直接执行else语句，反之如若遇见break跳出循环语句则不会执行，实例代码如下所示。

```
for num in range(10):
    print(num)
else:
    print(" 显示最后一次执行循环的数 {}".format(num))        # 输出显示 9
```

当list、tuple、str等类型的数据使用for...in循环语法从其中依次获得数据时，这个过程称为遍历，也可称为迭代。并不是所有类型都可进行迭代，如int类型就会抛出异常为"TypeError: 'int' object is not iterable"，其意为int类型不是可迭代对象。检测一个对象是否为可迭代对象，需要借助isinstance()函数进行判断，实例代码如下所示。

```
from collections import Iterable

print(isinstance([],Iterable)) #True
print(isinstance({},Iterable)) #True
print(isinstance(" 你好! ",Iterable)) #True
print(isinstance(10,Iterable)) #False
```

温馨提示

可迭代对象不是迭代器，但 Python 可以从可迭代对象中获取迭代器。迭代器用于从列表类似容器中取出元素的对象，如迭代器对象通过 for...in 循环进行遍历，其循环本质就是先通过 _iter_() 获取遍历对象对应的迭代器对象，然后用获取到的迭代器对象不断调用函数 _next_() 来获取下一个值，当没有元素时则抛出 StopIteration 异常，for...in 循环处理异常并结束循环。总之如果一个对象内部实现了 __iter__() 函数和 __next__() 函数，那么这个对象可以称之为迭代器对象。

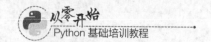

4.2.3 ▶ 嵌套for循环

一般对象只需要循环遍历一次即可获取需要的对象,但是有些对象还需要从第一次遍历出的结果中再次筛选,for循环语法格式如下所示。

```
for variable_name in iterator:    #variable_name 为自定义变量名, iterator 为迭代对象
    for variable_name in iterator:
代码块
```

语法格式已经知道了,那么该如何实现这个案例呢?实例如下所示。

```
for i in range(1,10):
    for j in range(1,i+1):
        print("{}*{}={}".format(i,j,i*j),end=(" "))    #end(), 输出的结果在同一行
                                                        # 显示
    print ("") # 换行
```

通过上述案例代码即可实现阶梯式乘法口诀表,在循环执行过程中,首先从最外层循环开始执行,起始值为i=1,接着执行内层循环,这时候内层循环中受到range(1,2)的范围影响,只执行一次便结束内部循环,然后执行print()换行代码,接下来同样的执行过程,从外部循环开始,内部所有循环执行完成后才会执行下一步代码块。读者可自行尝试不使用end()方法,或者修改range()中的范围值,查看输出结果的情况。

4.2.4 ▶ 循环语句与条件语句

当循环执行了一部分,需要同时执行其他操作,又或者需要循环中途停止,这时候该怎么办呢?其实在Python内部已经提供了用来跳出循环和中断循环的语句,它们分别为continue和break。

1. continue

continue的作用是跳过当前层的本次循环,从下一个循环开始执行,实例代码如下所示。

```
for i in range(6):
    for x in range (10):
        if x == 5:
            continue
        print(x)
    print("{}=i".format(i))
```

由上可知,当内部循环中x为5时就会被跳过,后续内部循环时依旧执行,但是外层循环依旧按次序执行,并不受影响。

2. break

break的作用是结束当前层循环,但结束当前层所有循环时,外层代码依旧执行,实例代码如下所示。

```
for i in range(6):
    for x in range (10):
        if x == 5:
            break
        print(x)
    print("{}=i".format(i))
```

对比continue语句不难发现，break语句在x为5之后，内部循环不再执行，但外层循环不受影响。

4.3 异常

在代码编写和执行过程中会遇到不少错误，这些由程序主动抛出的错误称为异常。由于这些异常都是程序代码执行时出现问题造成的，因此总会感觉这些异常只会带来麻烦，真的是这样吗？

4.3.1 异常介绍

代码编写中常见的9种异常类型归纳，如表4-1所示。

表 4-1 常见异常类型

异常类型	异常原因
AttributeError	尝试访问一个对象没有的属性
IOError	输入/输出异常，在文件和流互相转换时出现的错误
ImportError	无法引入模块或包，多路径问题或名称错误
IndexError	索引超出序列边界
KeyError	访问字典里不存在的键
TypeError	程序处理的对象类型与要求的不符合
ValueError	程序接收到非期望的值
RuntimeError	一般运行时错误
SyntaxError	Python 语法错误

在后续章节将会学习面向对象的思想，其中继承就是这种思想的一部分，在异常类型中有一个BaseException，这个类是所有异常的根类，即所有异常类型都是从这个类派生出来的，表4-1的异常又是基于Exception延伸出来的。具体异常分支结构可以通过查询Python官方文档进行参考学习。

4.3.2 捕获异常

面对如此多的异常该如何处理呢？下面将介绍对异常的处理，使读者更进一步理解异常

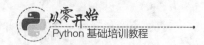
的作用。

捕获异常语法格式如下。

```
try:
#需要检测异常的执行代码
pass
except Exception as e:
#捕获异常，并且输出异常原因
print(e)
pass
else:
#没有捕获到异常，执行的代码
pass
finally:
#无论是否捕获到异常都会执行的代码
pass
```

温馨提示

Python 中存在 pass 语句，其作用是过渡语句，不做任何操作，类似占位符。本书在语法
格式中使用汉字"代码块"的地方都可以使用 pass 来替代。后续语法结构中将用 pass 语句来
替代以方便读者阅读。

捕获异常的方式很简单，通过捕获不同的异常，以确定编码过程中出现异常的原因，从
而精确定位到问题代码，实例代码如下所示。

```
lists = ["books","pages"]
try:
    # print(3/0)        #创建分母为0异常
    print (lists[3])    #创建越界异常
except NameError as error:    #尝试捕获变量名异常
    print("NameError:",error)    #打印捕获的异常信息
except IndexError as error:    #尝试索引异常捕获
    print ("IndexError:",error)
except Exception as error:    #再次捕获
    print ("Exception:",error)
else:
    print("执行这句话，说明一个异常都没有捕获到")
finally:
    print("异常捕获程序完毕！")
```

4.3.3 ► 自定义异常

如果不需要系统提供异常时，又该如何处理，以及能否实现主动抛出异常呢？带着这些

疑问，下面将继续深入研究自定义异常类的领域。

主动抛出异常类的语法结构如下所示。

```
raise [Exception [,args[,traceback]]]    #Exception 为异常的类型 ( 如 indexError),
                                         #args 为自定义异常参数, traceback 为跟踪
                                         # 对象, 一般用于重新触发异常
```

实例代码如下所示。

```
try:
    raise Exception(" 主动抛出异常 ")
except Exception as e:
    print(e)
```

下面来理解自定义异常，根据对知识点的掌握程度，读者能够理解这么做会带来怎样的结果即可。

自定义异常的实例代码如下所示。

```
class myException (BaseException):    # 自定义异常类, 继承根类 BaseException
    def __init__(self, message):    #初始化类构造方法
        self.message = message
    def __str__(self):    #重写方法, 以字符串输出对象值
        return self.message
try:
    raise myException(" 主动抛出异常 ")
except myException as e:
    print(e)
```

当读者学会自定义类之后，就会很轻松地创建属于自己的异常类。而在自定义异常类中执行的操作，将会在捕获异常处理的过程中进行。这会很方便定位项目中的异常问题，并进行快速处理。

思考与练习

1. 怎样打印出100~999中不能被3整除又不包含3的数?

答: 这个问题先要分别考虑个位数、十位数、百位数的区别，以此来判断是否含有3这个元素，实例如下所示。

```
number = 99
while number < 998:
    number += 1
    # number % 10 + (number // 10) % 10 + (number // 100) % 10
    if (number%3 != 0 and number % 10 != 3
        and (number // 10) % 10 != 3 and (number // 100) % 10 != 3):
        print(" 该数据为: {}".format(number))
```

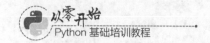

2. 从键盘中随机输入10个数，如何求出最大数？

答：这个程序代码会执行10次，在一般循环中，如果有限定次数的，建议使用while循环来执行。这个问题中主要难点在于如何让一个变量的值被重复定义和覆盖，其实例代码如下所示。

```
num = 0
content = 0
while num<10:
    num +=1
    data = float(input("请输入数字 :"))
    # 小于则赋值
    if(content<data):
        content = data
print("该数为最大数 {}".format(content))
```

3. 0-1+2-3+4-5+6-7…+100，即100之内的数减去奇数，再加上偶数，最后的和为多少？

答：由题意可知，通过判断即可将奇数减偶数加进行分离，再将其累加即可得出结果，实例代码如下所示。

```
number = 0
content = 0
while number<100:
    number += 1
    if (number % 2 == 0):
        content += number
    else:
        content += -number
print("结果输出为：{}".format(content))
```

4. 张三抽奖获得100万元，他将其存入银行，每年有7%的盈利，并且每年的最后一天，他取出14万元作为新年开支，请尝试计算张三多久会取完所有的钱？

答：虽然不知道会执行多少次，但是钱始终会被取光的，直到被取完那次，即当循环条件不成立时，便是最后取走钱的时间。因此声明一个变量用来统计时间，难点在于最后一次可能金额没有14万元，而被漏算，实例代码如下所示。

```
zs = 1000000
content = 0
while zs > 0:
    content += 1
    zs = zs * 0.07 + zs - 140000
print("取款 {} 次 ".format(content))
```

常见异常与解析

1. 出现条件始终成立的无限制循环，如图4-2所示。

图 4-2　无限制循环

如若出现无限制循环的情况，先要分析条件是否需要恒成立，如在后面章节中将要学习到的线程进行创建，就可以采用此方法，这种循环功能很强但风险也高，很容易造成内存跑满，使其他程序不能正常运行。如若在学习过程中出现图中所示情况，应尽快单击左下角红色方块，关闭该运行程序。

2. 除了索引越界异常的情况，还有一种特别的情况，同样是错误，但程序却得出了结果，如图4-3所示。

图 4-3　返回空列表

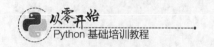

Python 基础培训教程

这是Python列表中特有的情况，列表中没有值存在，通过起始索引位置同样不能捕获索引越界异常，反而获得空列表的结果。

 本章小结

本章概述了常用语句，其中包含条件、循环等，并且介绍了语句之间相互嵌套使用。同时介绍了异常的产生和种类，以及自定义一个异常的方法。除了介绍语法结构，同时列举了生活实例进行说明。另外，编程服务于生活，也来源于生活，这也是Python面向对象编程的前提。

第5章

函 数

本章导读 ▶

在Python中对象化思想的行为就可以使用函数来表示。生活中一个对象要做某个行为动作，如"人乘车"，人为一个对象，"乘车"这一行为便可定义为一个函数。本章将通过函数语法定义和函数变量来理解函数的作用，同时还会学习装饰器和高级函数等适用性知识。

知识架构 ▶

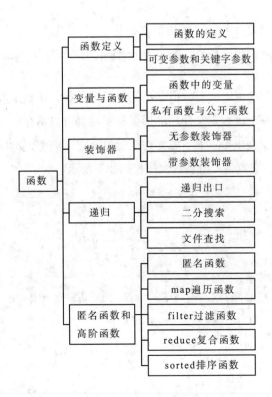

5.1 函数定义

在前面章节中已经使用了不少函数，如print()打印输出函数、max()获取最大值函数。由此可知函数已经屡见不鲜，那么如何定义一个函数，又如何让函数为我们所用呢？

5.1.1 函数的定义

函数产生的目的就是对代码的复用，如获取一个列表中最大值，可以通过循环遍历将每一个元素赋值给变量，并且对变量赋值前后进行比较，以此来获取最大值。如果又有一个列表同样需要获取最大值，这时还需要将前述的代码一模一样复写一遍才能获取第二个列表中的最大值。很明显这样做太麻烦了，代码的复用性太差，函数因此而诞生，在有需要的地方调用即可。下面将从函数调用和函数定义开始学习。

1. 函数调用

函数的调用方式很简单，在函数名后加小括号，括号中的实参和形参类型必须一致，语法格式如下。

```
functionName(actualparameter)    #functionName 为函数名，actualparameter 为实参
```

函数的调用操作很方便，直接使用该函数名后跟括号即可，其中实参类型必须和已定义函数的形参一致。

2. 函数定义

定义一个函数，需要使用关键字def，语法格式如下。

```
def functionName(formalparameter): #functionName 为函数名，formalparameter 为形参
pass
```

其中formalParameter的形参可以没有，但是小括号必须存在，这是函数的标识。函数调用时使用的参数称为实参，一个函数定义使用的形参和实参都可以不存在，一旦存在，两者必须都是同种数据类型，由于在Python中不需要在变量前面定义类型，所以在调用和定义函数过程中需注意形参的类型，获取最大值函数实例代码如下所示。

```
def getMax(ls):
    num = 0
    for lists in ls:
        if num<lists:
            num = lists
    return num  #返回该函数的结果
maxValue = getMax([1,234,43,12,-2])#调用函数，并赋值到变量中
print(maxValue)  #234
```

上述通过定义一个获取最大值的函数getMax，通过此函数将列表循环遍历和判断，最后通过return语句返回一个最大值。return是结束语句，在函数内部程序执行来结束该函数，并且返回该函数的结果。读者可以尝试将return语句放入for循环内部或者if判断语句内部，再对执行结果进行对比。

温馨提示

上述示例中在初始赋值过程中使用 0，如果在调用函数进行比较的时候，列表中所有元素都比 0 小，那么其结果将会出现偏差，此时应考虑负值影响的情况。

5.1.2 可变参数和关键字参数

函数中的参数不仅要类型一致，而且数量和位置的形参和实参也是一致的。如果调用的函数需要多个参数，那么这个函数该如何定义呢？这时候需要使用可变参数 "*args"，实例代码如下所示。

```python
def func(*args):
    sum = 0
    for x in args:
        sum += x
    return sum
print (func (1, 2, 3)) #6
ls = [1, 2, 3, 4]
print (func (*ls)) #10
```

其中*args的类型由上述可知是元组类型，所以在将列表类型传入时，需要在前面加上符号 "*"。

既然可变参数使用起来这么方便，那么还有其他类型的参数吗？毫无疑问是有的，下面介绍的这种参数类型为关键字参数，定义函数时在小括号中添加关键词 "**kwargs" 即可。实例代码如下所示。

```python
def func1(**kwargs):
    print( 'kwargs:', kwargs)    #kwargs: {'a': 1, 'b': 2}
    print(type(kwargs)) #<class 'dict'>
d = {'a': 1, 'b': 2}
func1(**d)

def foo(**kwargs):
    print(kwargs)
foo(z=3,b=1,r=1)    #传入键值对，转为字典类型
```

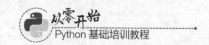

在同时使用"*args"和"**kwargs"时，"*args"参数列必须要在"**kwargs"前。如有一般参数，则要放在"*args"前，否则会报语法错误。

5.2 变量与函数

在Python中可以不用考虑数据类型就能进行声明变量，这为开发者省掉不少烦琐的操作。但是变量除了受到类型的约束，还被哪些因素控制呢？

5.2.1 函数中的变量

定义函数后，变量可以分为局部变量和全局变量，同一变量在函数外和函数内可能会相互干扰并且发生数据改变，导致数据读/写产生严重错误。故在定义变量时需要仔细考虑如何定义一个变量，以及定义在哪里。

1．局部变量

顾名思义，其作用域只能在函数内部，一旦离开函数就会无效。实例代码如下所示。

```
def local():
    name = "jack"
    print(name)
local()
# print(name)    #未定义的局部变量
```

如果在局部使用的变量想要在全局中使用怎么办呢，这时需要使用关键词global，实例代码如下。

```
def local():
    global age
    age = 12
    print(age)
local()
print(age)   #age 被定义为全局变量
```

很明显局部变量全局化后，不仅全局可以使用，其他未定义局部变量也能改变。简单来说就是函数内部定义权限大于全局定义权限。

2．全局变量

通过局部变量的学习可以知道，定义在函数之外的变量都称为全局变量，实例代码如下所示。

```
age = 13      #定义全局
def gb():
    print(age)
gb()          #13
def gb1():
    print(age)
gb1()         #13
```

通过局部变量的学习，将会发现下面这个问题，即如果定义了局部变量后，只需要在指定的函数中使用该怎么办呢？同样会使用关键词global，此刻它的作用只是用来区分及定位某个函数需要定义的全局变量，实例代码如下。

```
global vir  # 在使用前初次声明
vir = 10  # 给全局变量赋值
def test1():
    global vir  # 再次声明，表示在这里使用的是全局变量
    print ('test1 的 vir, 值为 ', vir)
def test2():
    print ('test2 的 vir, 值为 ', vir)
def test3():
    vir = 5 #重新定义局部变量
    print ('test3 的 vir, 值为 ', vir)
test1() #test1 的 vir, 值为 10
test2() #test2 的 vir, 值为 10
test3() #test3 的 vir, 值为 5
```

看到这里很多人肯定要问，标记global后的效果不是和没有定义的效果一样吗？为何还要这么麻烦去重新声明呢？关于这个问题，在学习到面向对象思想后，就会知道关于这个问题，读者在学习面向对象思想之后，就会了解到。一个类中如果存在一个或多个同样的变量时，为防止变量相互干扰，就可以采用global声明。

5.2.2 ▶ 私有函数与公开函数

函数在使用过程中，还会有其他限制吗？如当使用一个函数时，在类（一个封装的对象）内部可以使用而在类外部不可调用。那么带着这个疑问，一起来体会这种私有函数和公开函数之间的差别吧。

在Python中没有对函数私有等级限制的关键词，如public、private等，而是统一使用符号"_ _"后跟函数名组合起来，其中下划线符号是由两个下划线符号组成。在Python中只有私有和公开两种等级，为方便读者初步认识这种函数的作用和使用，展示实例代码如下所示。

```
class Toilet:    #定义一个类
```

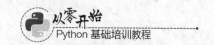

```
        def __init__(self):        #初始化类，并且同时初始赋值，类中的构造方法
            self.name = "公共厕所"
            self.number = 3
        def __getName(self):    #自定义私有函数
            return self.name
        def getNumber(self):       #自定义公开函数
            return self.number
t = Toilet()        #创建对象
print(t.getNumber())      # 输出 3
# print(t.__getName)      #调用私有函数
```

在调用私有函数__getName时会捕获异常，这个异常表示找不到这个函数，由此可知当一个函数被私有化后，在类外部使用对象直接引用该函数是不行的。对于如何使用其他方式调用，以及内部私有属性等知识，将在后续章节关于面向对象中详细阐述。

温馨提示

上文说的内部和外部，是以类为划分的，在后面章节学习面向对象思想后，读者就会深刻体会到这个过程。此处类中的 getNumber 及 __getName 被称为方法，为方便读者理解此处暂时当作函数处理，后面将会区分两者的称谓差别。

5.3 · 装饰器

装饰器的用途比较广泛，作用效果很强，但是对于初学者来说它是有难度的，本节的目的在于帮助读者初步认识装饰器，并在后续学习中能活学活用，进一步加深对其理解。装饰器实质是一个比较特殊的函数，目的在于修饰函数，它可分为无参数装饰器和带参数装饰器两类。当一个函数定义完成并且被引用时，如需再进一步操作该函数，但又不能直接修改该函数源码时，就可以使用装饰器。

5.3.1 无参数装饰器

装饰器既然是函数，由此可知装饰器函数中的形参是否存在，决定了该装饰器是带参数装饰器还是不带参数装饰器。那么装饰器可以带来怎样的好处呢？先来看看下述实例。

```
def sayHello():
    print("hello")
```

```
def sayGoodbye():
    print("goodbye")

if __name__ == '__main__':   # 主线程执行
    sayHello () #hello
    sayGoodbye ()   #goodbye
def sayHello():
    print("hello")

def sayGoodbye():
    print("goodbye")

if __name__ == '__main__':   # 主线程执行
    sayHello ()
    sayGoodbye ()
```

通过对函数自定义的学习很容易理解上面实例的内容，但是如果现在的需求有所变动，需要在每个函数中都添加一个字段，如print("开始执行")，该怎么办呢？很多人可能会如下述实例一样操作。

```
def sayHello():
    print(" 开始执行 ")
    print("hello")

def sayGoodbye():
    print (" 开始执行 ")
    print("goodbye")

if __name__ == '__main__':   # 当前主线程执行
    sayHello () #hello
    sayGoodbye ()   #goodbye
```

直接将代码添加到对应的函数中，看似解决了问题，但是假如需求又发生变动，需要在每个函数结束之前执行一段代码，如print("结束执行")，面对几个函数还好搞定，如果多个甚至成百上千个，这时候又该怎么办呢？

其实装饰器的主要作用在于能够在程序动态执行过程中，执行特定的操作。如记录日志、实现用户登录、权限验证等功能。

利用装饰器就可以轻松实现前文所提需求，实例代码如下所示。

```
def record(func):
    def start_func():     # 执行需要处理的操作
        print(" 开始执行 ")
        func()  # 原有函数执行
```

```
        print(" 执行结束 ")
    return start_func    #返回内存地址
@record
def sayHello():
    print("hello")
@record #定位需要处理的函数
def sayGoodbye():
    print("goodbye")

if __name__ == '__main__':
    sayHello ()
    sayGoodbye ()
```

通过上面代码的输出即可满足需求，然而这过程是如何执行的呢？为方便读者理解，先从@record装饰器定位开始，这个定位也称为语法糖，如sayHello()函数之上的语法糖，其执行效果等同于record(sayHello)，需要注意的是，此时sayHello只是一个内存地址，通过record函数将其作为参数传入，然后程序执行start_func函数，在其中依次执行"开始执行"、sayHello()函数调用、"执行结束"等操作。最后通过return start_func返回该函数的内存地址，此刻谁调用就作用于谁，因此在"__main__"下调用sayHello()函数就会让返回的start_func函数执行。sayGoodbye()函数执行过程原理同sayHello()一样，最终执行输出想要的结果。

▌温馨提示

"if __name__ == '__main__':" 中的 "__name__" 就是 Python 文件中的内置变量，如test1 是当前执行的文件，那么 "__name__=='__main__'" 结果为真，则继续执行该语句下面的程序代码。如 test2 文件中包含该语句，同时被 test1 文件调用（使用 import test2 导入模块），那么 test2 文件中该语句下的代码都不会被执行，该语句中的代码会被 test1 文件执行调用。

5.3.2 带参数装饰器

通过对无参数装饰器的学习，对装饰器有了初步的认识，初学者可能刚开始接触时会觉得难以理解，但随着知识的积累会逐步加深并掌握。当调用装饰器并且进行参数传递时，就需要使用"带参数装饰器"方式。不过在学习带参数装饰器之前，先来认识一下被修饰函数带参数的情况，实例代码如下所示。

```
def record(func):
    def wrapper(*args, **kwargs):    #执行需要处理的操作
        print(" 开始执行 ")
        # func(*args,**kwargs)    # 函数调用必须携带参数
```

```
        print(" 执行结束 ")
        return func(*args,**kwargs) #返回 write 函数的结果
    return wrapper
@record #语法糖
def write(something): #可变参数和关键词参数也可以替代 something
    print("{} 很实用 ".format(something))
if __name__ == '__main__':
    li = [' 装饰器 ']
    write(li)
```

带参数与无参数的主要区别是，在func执行时必须携带参数，而这些参数由自定义函数wrapper提供，提供这些参数的关键词由*args可变参数和**kwargs关键词参数组成，方便外部参数以多样化传入，这样可方便使用，当然读者也可以指定参数来替代它。

项目中会使用日志记录来进行问题追踪。日志记录又分为INFO、ERROR、DEBUG、WARNNING等多种日志等级。对于这种在原有装饰函数基础之上，再进一步进行修饰的装饰器，就可以使用"带参数装饰器"来解决，实例代码如下所示。

```
# 登录
import time
def login():
    print(' 登录验证! ')
#记录日志
def logging(message):
    locatTime =  time.strftime("%Y-%m-%d %H:%M:%S", time.localtime())
    print('[{}]{} 记录日志：登录成功! '.format(message,locatTime))
#装饰器
def decorator(login_func,logging_func): #传参两个函数
    def inner(index_func):
        def inner_wrapper(*args):  #接收 index 的传参
            login_func()  #执行 login 函数
            index_func()  #执行 index 函数
            logging_func(*args)  #执行 logging 函数
        return inner_wrapper    #返回函数地址
    return inner  #返回函数地址

@decorator(login,logging)  #执行装饰器
def index():
    print(' 成功登录! ')

if __name__ == '__main__':
    l1 = 'INFO'
    index(l1)    #执行函数
```

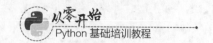

细心的读者可能会发现，实例中index()函数在定义时没有携带参数，但在引用时却携带了参数。难道不会发生异常吗？是的，的确不会发生异常，因为在装饰器内部inner_wrapper()中，logging_func(*args)对参数进行引用，而index_func()未进行。同样其他的函数也可以对参数进行引用，在此不一一说明。读者只需要理解，虽然在定义函数时参数可以没有，但始终不会在其函数内部获取任何该参数的属性。

温馨提示

装饰器的种类还远远不止这些，如函数内部嵌套装饰器，以及类装饰器。有兴趣的读者在熟悉装饰器过程后，可自行深入学习。

5.4 递归

函数不仅可以调用函数，还可以调用自己本身，这个调用过程就是递归函数。

5.4.1 递归出口

递归函数的使用需谨慎，为什么这样说呢？一个函数调用自己本身，如果没有出口，则会形同死循环一般，造成程序一直执行。那么如何理解一个出口就是实现一个有用递归的关键，然而又该如何实现一个递归呢？下面先从获取斐波拉数列值开始了解，实例代码如下所示。

```python
def fibola(n):
 if n<1:
    return -1
 if n==1 or n==2:
    return 1
 else:
    return fibola(n-1)+fibola(n-2)    #函数调用自己本身
number=int(input('请输入一个正整数：'))
if __name__ == '__main__':
    result=fibola(number)
    print("第{}位对应斐波拉值为:{}".format(number,result))
```

上面实例中对于大于2的值可结合斐波拉数列自身的数学规律，采用重复调用，直到函数中的值满足if限定条件的值，跳出递归结束函数执行，那么这个结束的语句便是递归的出口，如上述实例中对于小于或等于2的两个if限定条件的判断，就是该递归的出口。

5.4.2 ▶ 二分搜索

如果要从一个数组中查找一个元素的具体位置，每个人方法都会不一样，因为实现的方式太多了。下面将讲述如何利用二分搜索更高效地查找元素，那它和递归又有什么关系呢？

二分搜索实例的代码如下所示。

```python
def binarySearch(arr, i, len, num):
    if len >= i:
        # 获取该元素中间位置, 如使用 (i+len)/2 会有整数溢出的问题
        mid = (i+len) // 2
    # 出口
        if arr[mid] == num:
            return mid
    # 元素小于中间位置的元素时, 只需要比较左边的元素
        elif arr[mid] > num:
            return binarySearch (arr, i, mid - 1, num)
    # 元素大于中间位置的元素时, 只需要比较右边的元素
        else:
            return binarySearch (arr, mid + 1, len, num)
    else:
        # 不存在的情况
        return -1
if __name__ == '__main__':
    ls = [2, 3, 4, 10, 40, 90,100] # 有序列表
    num = 100
    result = binarySearch (ls, 0, len (ls) - 1, num)
    if result != -1:
        print ("元素在数组中的索引为 {}".format(result))
    else:
        print ("元素不在数组中 ")
```

上述实例中最重要的就是获取列表的中间值，通过中间值与实际值的比较来判断该值是在第一次中间值的左侧还是右侧，然后进行第二次函数调用，同时传入参数的索引最小值和索引最大值并再次判断，依次类推直到中间值等于num并且返回该索引值，最后结束递归。

对于上面的实例的理解是否会感觉麻烦呢？是否想到使用自定义遍历循环进行查找呢？简单循环是从索引为0的位置开始一个一个的查找，可想而知，它的效率是远远不及二分搜索的。在列表中获取元素索引位置常使用index()函数，该函数将返回元素首次出现在列表中的索引位置，由此可知如index()函数内部所具有的算法能带来很多便利。

5.4.3 ▶ 文件查找

如果本地文件存放太多，想找的文件却不知道放在了哪里，就可以使用下面这种方式，

通过递归查找所有文件，实例代码如下所示。

```python
import os # 导入 os 模块
allfile = []
def getAllFille(path):
    # 拿到所有文件目录
    allfilelist = os.listdir(path)
    for file in allfilelist:
        filepath = os.path.join(path, file)
        # 判断是否是文件夹
        if os.path.isdir(filepath):
            getAllFille(filepath)
        # 是文件就将路径添加到列表
        allfile.append(filepath)
    return allfile

path = 'C:/test1'
allfiles = getAllFille(path)
# 遍历列表中所有路径
for item in allfiles:
    print(item)
```

上述代码实例中，通过指定路径获该目录下所有文件和目录名的列表，然后把目录与文件名组合成一个路径filepath，并通过调用isdir()函数判断filepath路径下的内容是目录还是文件，如果为文件则保存到列表中，否则继续递归遍历文件目录，直到所有文件遍历结束。当然还可以在上述代码中添加后缀判断，这样就可以查找到需要的文件所放的位置了。

5.5 匿名函数和高阶函数

在Python中还有一些特别的函数，其作用就是为了方便代码的编写，省掉一些可忽略因素的存在。它们分别是匿名函数和高阶函数，匿名函数就是不给函数命名，方便一次性使用。高阶函数可以更简单、快捷地操作常用的数据类型，高阶函数主要有map遍历函数、filter过滤函数、reduce复合函数、sorted排序函数。

5.5.1 匿名函数

匿名函数就是省掉了给定义名称的过程，因此只能够使用一次。创建一个匿名函数需要使用关键词lambda，其语法格式如下。

```
lambda [arg1[,arg2,.....argn]]:expression
```

上述语法中，[arg1[arg2,.....,argn]]表示可选参数，用于指定要传递参数的列表。expression表示实现目的功能的表达式，代码实例如下所示。

```
# lambda 匿名函数
func = lambda a, b, c: a + b + c

print(func(1, 2, 3))
# 返回结果为 6
```

一般函数通过定义名称之后，再通过return 返回a+b+c这个表达式，最后通过调用才会得到结果，与匿名函数相比，多了很多不必要的内容。上述实例中a、b、c分别是需要进行处理的参数并且通过逗号隔开，接着使用冒号连接需要进行的操作（表达式），其结果便是该函数的返回值。

如求一个长方形面积公式，其代码如下所示。

```
def area(length,wide):
    return length*wide
print(" 该长方形面积为 {}".format(area(1,8)))        # 输出结果为 8
# 使用匿名函数
area1 = lambda  a,b:a*b
print(" 该长方形面积为 {}".format(area1(1,8)))       # 输出结果为 8
```

通过上面对比即可知道，匿名函数还可以和if条件语句结合使用，实例代码如下所示。

```
# 两者之间取最大
a = lambda x,y: x if x> y else y
print(a(6,2))
# 在列表中执行
ls = [lambda x:x**2,lambda x:x**3,lambda x:x**4]
for i in ls:
    print(i(2))
```

5.5.2 ▶ map遍历函数

map()可以对指定的序列进行遍历操作，从而避免了编写for循环语句。它通过关键词map来执行代码，语法格式如下。

```
map (func,sequence) #func 指代函数，sequence 是序列，它可以是一个或者多个组成
```
map()函数的适用性很强，先来看看其实例代码。

```
def fi(x):
    return x * x
print(map(fi,[1,2,3,4])) #返回的是一个列表地址 <map object at0x0000000002627C88>
print(list(map(fi,[1,2,3,4]))) #[1, 4, 9, 16]
```

函数fi()通过传入的列表参数进行x*x表达式的计算，然后返回一个列表，接着map()函数

遍历返回一个地址结果，最后通过list()函数将数据转换展示出来。

通过map()和lambda的结合使用，可进行列表元素之间的乘积，实例代码如下所示。

```
y = map(lambda x:x**2,range(5))
print(list(y))  #[0, 1, 4, 9, 16]
z = map( lambda x, y: x * y, [1, 2, 3], [4, 5, 6] )
print (list(z))  # [4, 10, 18]
```

5.5.3 filter过滤函数

filter()用于过滤序列，可过滤掉不符合条件的元素，返回由符合条件元素组成的新列表，语法格式如下。

```
filter(func,sequence) #func 为判断函数，sequence 为可迭代序列对象
```

和map()不同的是，filter()把传入的函数依次作用于每个元素，然后根据返回值是True还是False以决定保留还是丢弃该元素。如获取列表中的偶数，实例代码如下所示。

```
def odd(n):
    return n % 2 == 1
filter(odd, [1, 2, 4, 5, 6])      # 输出结果：[4, 10, 18]
```

如果要获取0~5中每个数的平方，并且大于2且小于20的数据，那么可以通过结合使用map()、lamdba()、filter()函数，实例代码如下所示。

```
s = map(lambda x:x**2,range(5))
f = filter(lambda x:x>2 and x<20,s)
print(list(f)) #[4, 9, 16]
```

5.5.4 reduce复合函数

reduce()接收的参数和map()类似，包括一个函数和一个序列，但行为却和 map()不同，reduce()传入的函数必须接收两个参数，reduce()可对序列的每个元素反复调用函数，并返回最终结果值，语法格式如下。

```
reduce(func,sequence[, initial]) #func 为判断函数,sequence 为序列,initial 为可选的初始参数
```

复合函数的使用，实例代码如下所示。

```
from functools import reduce        # 导入 functools 依赖库
def f(x ,y ):
    return x * y
print(reduce(f,[1,2,3])) #1*2*3=6
def f1(a,b):
    return a+b
print(reduce(f1,[1,2,3],10)) #1+2+3+10=16.10 作为初始参数值
```

5.5.5 ▶ sorted排序函数

在前面的章节中已经讲述并且执行过对列表的操作，这里需要注意，sort 是应用在列表上的方法，sorted 可以对所有可迭代的对象进行排序操作。列表的 sort 函数没有返回值，只是对原有列表进行排序。内建 sorted 排序函数返回的是一个新的列表，而不是在原来列表基础上进行操作，语法规则如下。

```
sorted(sequence[,cmp[,key[,reverse]]])   # sequence 为序列 ,cmp 为比较的函数, key 为需要
                                          # 进行比较的元素, reverse 为排序规则, 逆向排序
```

那么如何进行比较呢？实例代码如下所示。

```
ls=[('apple',22),('banana',12),('pear',33),('orange',41)]
print(sorted(ls))   #[('apple',22), ('banana',12), ('orange',41),('pear',33)]
s = sorted(ls, key=lambda x:x[1])
print(s)     #[('banana',12), ('apple',22), ('pear',33), ('orange',41)]
s1 = sorted(ls, key=lambda x:x[1],reverse=True)
print(s1)    #[('orange',41), ('pear',33), ('apple',22), ('banana',12)]
```

其中key=lambda x:x[1]表达式中，通过元组索引为1的元素进行相互间的比较，从而进行排序，reverse可在索引对应的值排序之后再次进行逆向排序。

⚙ 思考与练习

1. 对于L = ['b','c','d','b','c','a','a']，如何通过本章所学知识去掉重复内容。

答：通过调用函数的方式可以解决此题，实例代码如下所示。

```
L = ['b','c','d','b','c','a','a']
def func2(one_list):
    return {}.fromkeys(one_list).keys()
print(func2(L))          #dict_keys(['b', 'c', 'd', 'a'])
```

2.如何对相同元素从左到右进行几次删除（如"!!!Hi !!hi!!! !hi"）?

答：最简单的思路就是先将其遍历并且判断，再进行字符串的拼接，不过这种方式太麻烦了，还有更简单的方式，实例代码如下所示。

```
def remove(s, n):
    return s.replace("!", "", n)
print(remove("!!!Hi !!hi!!! !hi",2))     #2 指自定义移除相同元素的次数
```

3.怎样删除序列中的空字符串（序列如列表['apple', '', 'banana', None, 'Car', ' ']）?

答：删除序列的方式不一定只有remove，可以考虑使用高阶函数filter()过滤掉为空的字符串，实例代码如下所示。

```
def not_empty(s):
    return s and s.strip()
f = filter(not_empty,['apple', '', 'banana', None, 'Car', '   '])
print(list(f))  #['apple', 'banana', 'Car']
```

4.使用本章所学知识,如何获取列表[1,2,3,4,5,6]的和?

答: 获取列表和的方式有很多,其中最简单方式就是使用高阶函数,实例代码如下所示。

```
from functools import reduce
l = [1,2,3,4,5,6]
s = reduce(lambda x,y:x+y,l)
print(s)    #21
```

常见异常与解析

1.出现FileNotFoundError异常,系统找不到指定的文件路径,如图5-1所示。

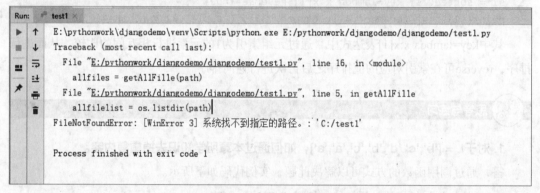

图 5-1　文件路径错误

当出现这种错误时,大多数是因为路径错误,提示找不到文件,此时抛出的异常表示该文件不存在。解决方案是先从路径查找,如果路径没有问题,那就查看文件是否存在,对文件查看时需要注意文件名是否包含中文、空格,或者下划线等特殊字符,对文件命名时不能出现上述情况。

2.当执行递归时出现"RecursionError: maximum recursion depth ..."抛出异常的代码,如图5-2所示。

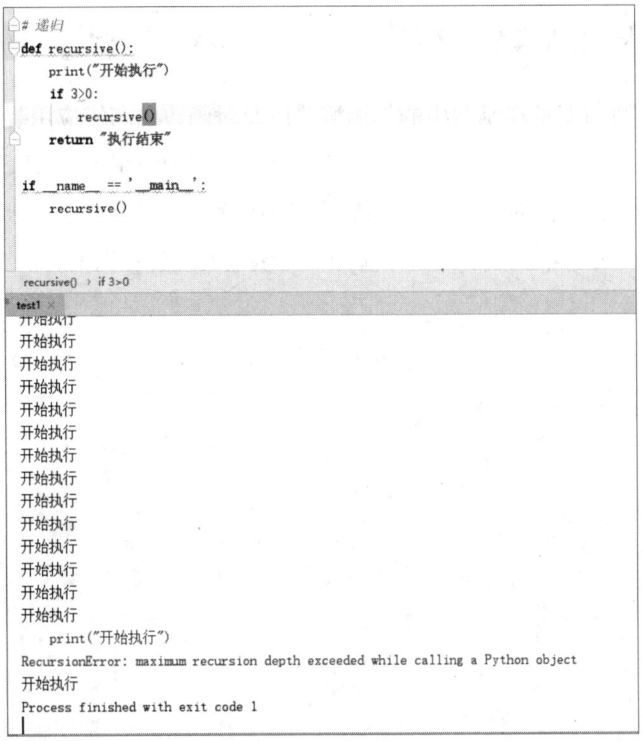

图 5-2　最大递归深度

这是递归独有的最大递归深度，出现这种异常原因在于其程序执行时，没有将出口定义正确，由于"if 3>0"条件是恒成立的，因此递归函数会一直不停地调用自己，直到达到最大深度。该问题需要注意出口一定要定义正确，不能够让条件恒成立，否则其会一直执行，实例代码如下所示。

```python
num = 4
def recursive():
    global num
    print(" 开始执行 ")
    if num>0:
        num = num-1
        recursive()
    return " 执行结束 "


if __name__ == '__main__':
    print(recursive())
```

这样定义后num每执行一次都会减少1，直到执行4次后不满足条件就会产生出口，最后结束递归。

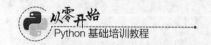

 本章小结

　　本章概述了函数与变量在函数中的作用域，以及对函数的高级应用装饰器，并对函数的一系列高级用法逐一解释，其中高阶函数尤其重要，对它的使用可以极大提高程序的执行效率。函数的学习过程是面向对象思想的垫脚石，对后续的学习会有很大帮助，同时它也是一门语言至关重要的部分，希望读者能进一步加深对函数的理解和探索。

第 **6** 章

正则表达式

本章导读 ▶

　　正则表达式是通过特定规则对字符串进行处理的一种模式。在编程中会遇到这样一些情况：使用手机号注册账号并对其进行匹配验证手机号合理性，对URL地址进行匹配，以及爬取数据后解析操作等。这些情况仅依靠字符串内置函数是不能高效完成的，因此在对字符串进行复杂度高、逻辑性强、重复性少操作等情况时建议使用正则表达式。

知识架构 ▶

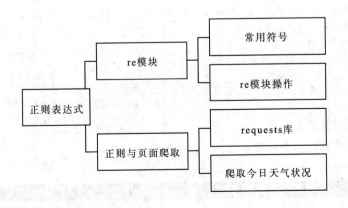

6.1 re模块

正则表达式是一种文本模式,并非Python独有,其他语言中也有为适应正则表达式而产生的模块,而在Python中对应的模块是re模块。

6.1.1 常用符号

在使用re模块之前需要了解正则表达式的常用符号及用途,对于向往爬虫的读者来说,除了需要学习基本的常用符号,还需要对其加深理解及扩展。常用符号语法描述如表6-1所示。

表 6-1 常用符号语法

符号	意义	例子	可匹配得到结果的例子
.	匹配除了换行的任意字符	a.b	a b,a$b,acb
^	匹配字符串的开头,同样在 MULTILINE 模式也匹配换行后的首个符号	^a	abc,a,a123
$	匹配字符串的结束位置,当遇到换行符时也会进行匹配。同样在 MULTILINE 模式匹配换行符的前一个字符	}$	{abc},{abc },{abc\n}
{m,n}	对正则表达式进行 m 到 n 次的匹配,匹配 m 次以上 n 次以下的值	a{2,}b,a{,3}b,a{2}b	aab,ab,aab
?	匹配前面的子表达式零次或一次,等价于 {0,1}	ab?	a,ab
*	匹配前面的子表达式零次或多次,等价于 {0,}	a*b*	Aaa,aab,bbb
{m,n}?	非贪婪模式,只匹配尽量少的字符次数	a{2,4}?	aa
(...)	匹配括号内的任意正则表达式,并标识出组合的开始和结尾	(a*b)	aab,b
[]	匹配所包含的任意一个字符,如果一个字符串构建的语义在将来发生改变,那么将会 raise 一个 FutureWarning	[abc]	a,bd,cfg
[^]	匹配任意一个不在中括号里的字符	[^abc]	A,B,dfg
|	匹配任意一个由竖线分割的字符、子表达式	A|BC	Ac,aBC
+	匹配前面的子表达式一次或多次,等价于 {1,}	A+B+	ABc,AAABc,AAABBc
\	转义特殊字符	a|b\\c	a\d

除上述正则符号外还有一些字符类,其说明如表6-2所示。

表 6-2 字符类

字符	说明
[0-9]	匹配任何数字,如 [0123456789]
[a-z]	匹配任何小写字母 a~z
[A-Z]	匹配任何大写字母 A~Z
[a-zA-Z0-9]	匹配上述区间任何一个
[^0-9]	匹配非数字类

有时对字母或者数字进行匹配需要从a~z或者0~9按顺序输入，这样会很烦琐，那么有没有更简单的方式呢？有一些特殊字符就可以解决这个难题，如表6-3所示。

表6-3 特殊字符

字符	说明
\d	匹配数字 [0-9]
\D	匹配非数字 [^0-9]
\s	匹配空白字符 [\t\n\r\f\v]
\S	匹配任何非空白字符，就是对 \s 取非。如果设置了 ASCII 标志，就相当于 [^\t\n\r\f\v]
\w	在 Unicode (str) 样式中只匹配 [a-z, A-Z, 0-9]
\W	匹配任何非词语字符，就是 \w 取非
\A	只匹配字符串的起始位置
\Z	只匹配字符串的结束位置

温馨提示

表6-1的MULTILINE模式可以在re模块中进行设置，其设置参数为"re.M"，设置该值后会进行多行匹配，否则作为一行处理。如"re.findall("^(.*?)$" , "第一行\n第二行\n第三行", re.M)"会匹配出换行后首个符号。

更多符号的使用可以参见 Python 官网网址。

6.1.2 re模块操作

在Python中实现正则表达式的操作需要使用re模块，re模块提供了一些相关函数用于对字符串的处理，如search函数、match函数、findall函数。这些函数是re模块内置的，所以在使用时需要进行引入，如import re。同样，如果需要使用模块时，用import进行引入即可。接下来分别通过search函数、match函数、findall函数对re模块操作进行详细说明。

1. search函数

search函数可以扫描整个字符串，并返回成功匹配的结果，语法格式如下。

```
re.search(pattern,string,[flags])
#pattern 为需要匹配的正则表达式
#string 为要匹配的字符串
#flags 为修饰符，按照指定的方式进行匹配
```

语法中常用的flags修饰符如表6-4所示。

表6-4 常用修饰符

修饰符	描述
re.I	执行不区分字母大小写的匹配
re.M	使用以 $ 匹配行结尾，以 ^ 匹配行开始
re.S	使用符号点 (.) 匹配任何字符，包括换行符

如果需要匹配以小写字母开始并且出现至少一次的字符串，可以使用实例search函数实现，具体实例代码如下所示。

```
import re
string1 = 'abcd'
string2 = 'abcABC'
result1 = re.search('^[a-z]+$', string1)
result2 = re.search('^[a-z]+$', string2)
result3 = re.search('^[a-z]+$', string2,re.I)    #re.I忽略大小写
print(result1)  #<re.Match object; span=(0, 4), match='abcd'>
print(result2)  #None
print(result3)  #<re.Match object; span=(0, 6), match='abcABC'>
```

2. match函数

从字符串的起始位置匹配一个模式，如果非起始位置匹配成功的话，则返回none，语法格式如下所示。

```
re.match(pattern,string,[flags])        #参数所指同 search 函数
```

由于match函数默认是不匹配"\n"的，所以如果string中有换行的话，match函数只会匹配第一行，且从开头开始匹配，具体实例代码如下所示。

```
string = 'abc123ABC'
string1 = '\nabc123ABC'        #添加换行符
pattern = '\w+'
s = re.match(pattern=pattern,string=string)
s1 = re.match(pattern=pattern,string=string1)
s2 = re.search(pattern, string1,re.S)    #匹配换行符
print(s)        #<re.Match object; span=(0, 9), match='abc123ABC'>
print(s1)       #None
print(s2)       #<re.Match object; span=(1, 10), match='abc123ABC'>
```

3. findall函数

与前面两个函数不同，findall函数如果成功匹配，则返回一个列表，否则返回一个空列表，语法格式如下所示。

```
re.findall(pattern,string,[flags])        #参数所指同 search 函数
```

如果字符串中包含有"\n"换行的字符，这时使用re.M即可匹配，具体实例代码如下所示。

```
s = '1234\n5678\n90'        #\n 换行
result3 = re.findall (r'^\d+', s)
result4 = re.findall (r'^\d+', s, re.M)   # 匹配位于行首的数字
result5 = re.search (r'^\d+', s,re.M)     # 只匹配首次满足的数据
result6 = re.match (r'^\d+', s,re.M)      # 同 search
print(result3,"=result3")   #['1234'] =result3
print(result4,"=result4")   #['1234', '5678', '90'] =result4
print(result5,"=result5")  #<re.Match object; span=(0, 4), match='1234'> =result5
print(result6,"=result6")  #<re.Match object; span=(0, 4), match='1234'> =result6
```

6.2 正则与页面爬取

通过前面的学习可以知道，正则对字符串的处理可发挥很大作用。被大家广泛认知的爬虫与正则其实是两个独立的对象，如Python中爬虫可以通过依赖库requests发起HTTP/1.1网络请求并且保持连接，而对数据的筛选就可以使用正则。

6.2.1 requests库

requests库发布在GitHub第1版的时间是2011年2月14日情人节，充分说明该库的创造者Kenneth Reitz对编程的热爱。requests库是一个很实用且由Python编写的HTTP库，因此编写爬虫和测试服务器响应数据时经常会用到，其安装流程很简单，使用方法也很多，下面主要介绍两个方法。

（1）直接通过Pycharm可视化界面进行实例化依赖库

该方法具体步骤如下所示。

步骤01：使用import requests写入py文件，这时在Pycharm中该依赖库会显示红色下划线，用鼠标双击选中requests模块，如图6-1所示。

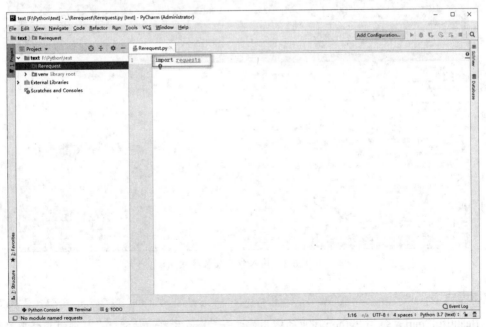

图 6-1　导入模块

步骤02：按组合键【Alt+Enter】会出现如图6-2所示界面，然后选择【Install package requests】选项，并按【Enter】键开始实例化，实例化过程跟下载速度有关，可快可慢，直到红色下划线消失，则安装成功。

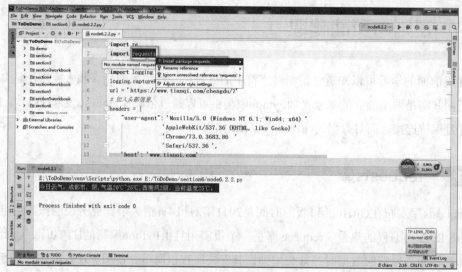

图 6-2 实例化模块

（2）输入命令实例化依赖库

单击【Terminal】按钮，在弹出的窗口中输入"pip install requests"命令，用此方式安装速度较快且比较稳定，适合用来实例化大型库，如图6-3所示。

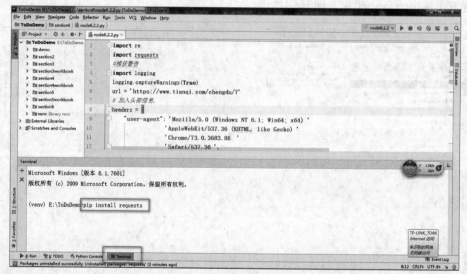

图 6-3 输入命令安装模块

温馨提示

BeautifulSoup是编写Python爬虫的常用库之一，其最主要的功能就是从网页中抓取数据。使用它将会更简化节点、标签及属性的获取，因此读者可以自行尝试使用bs4将网页数据抓取下来。方法（2）中使用命令"pip install requests"在后续程序安装模块时，直接将需要实例化的模块名替换掉命令中省略号即可。如同时实例化多个模块，模块名之间需以空格隔开。

6.2.2 ▶ 爬取今日天气状况

成功地安装requests库后，要与网络服务器端建立关联就需使用其中的get请求，同时可以通过此请求返回该连接的状态码，如成功连接则返回<Response [200]>。成功连接后，可通过相应的函数调用来获取对应的数据，如text、content、json分别对应返回数据的格式类型为文本、二进制、json数据格式。

如果想要知道今天天气状况如何，可以通过爬取全国天气网站找到相应城市的天气，以成都天气状况为实例，代码如下所示。

```python
import re
import requests
# 捕获警告
import logging
logging.captureWarnings(True)
url = 'https://www.tianqi.com/chengdu/7'
# 加入头部信息
headers = {
    "user-agent": 'Mozilla/5.0 (Windows NT 6.1; Win64; x64) '
                  'AppleWebKit/537.36 (KHTML, like Gecko) '
                  'Chrome/73.0.3683.86  '
                  'Safari/537.36 ',
    'host': 'www.tianqi.com'
}
# txt = requests.get (url, headers=headers).text
txt = requests.get (url, headers=headers,verify=False).text
                                        # verify 跳过主机证书认证
# print(txt)        # 此时获取到整个页面包含标签在内的所有数据
# 使用正则匹配需要的数据
result = re.compile(r'(<p>.*</p>)')      # 使用 compile 进行匹配效率更高
todayWeather = result.findall(txt)
for ls in todayWeather:
    assert isinstance(ls,str)
    to_wea = ls.replace("<p>","").replace("</p>","")
    print(to_wea)  # 今日天气: 成都市, 阴, 气温 20℃ ~25℃, 西南风 2 级, 当前温度 25℃
```

温馨提示

compile 函数根据包含的正则表达式的字符串创建模式对象，可以实现更有效率的匹配。在直接使用字符串表示的正则表达式进行 search 函数、match 函数和 findall 函数操作时，Python 会将字符串转换为正则表达式对象。使用 compile 完成一次转换之后，每次使用模式时就不用重复转换了。

通过上述实例即可获取到当日天气状况，在Headers里面的User Agent（简称UA）用户代理，是指用来向所访问的网站提供你所使用的浏览器类型、版本等信息的标识。此值可以通

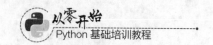
过打开上述实例中URL网址获取，具体步骤如下。

步骤01： 复制URL网址，打开网页后，按【F12】键（以Windows 10系统为例）打开开发者工具窗口。

步骤02： 出现开发者工具窗口后，选择【Network】选项，将会出现网页网络各项文件名称，以及加载进度和时间，随意单击其中一个后缀为png图片的文件，右侧将会展示如图6-4所示的窗体，选择【Headers】选项，鼠标下拉即可看见UA的有关信息。

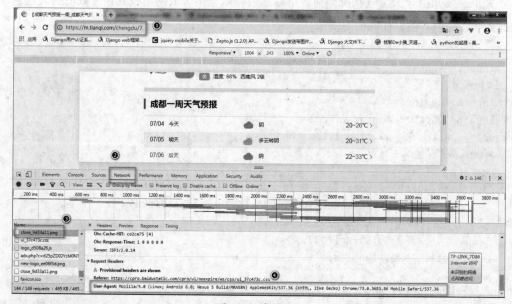

图 6-4　获取UA

上述实例中host便是要访问的主机域名，可以选择不写。程序通过requests库中get请求获取的文本信息，加上正则表达式的过滤即可获取页面<p>标签的内容，也就是当日的天气状况。

温馨提示

<p> 标签是超文本标签语言中的一种，因为 HTML、CSS 决定了网页的页面结构和样式，所以读者需要有一定的基础，可以通过一些网站来进行学习，不仅简单而且很有趣。读者不妨多做尝试写出属于自己的页面，这对后期使用 Vue 框架很有帮助。

　思考与练习

1. 如何通过正则表达式匹配.com或.cn为域名后缀的URL地址？

答： 首先可以通过冒号前后来分断，冒号之前内容可以是任意的，因此数字或字母都可以，然后便是冒号和双斜杠，接着便是域名，最后匹配.com或者.cn。代码如下所示。

```
import re
str = "http://www.baidu.com/"
url = re.compile(r'[a-zA-Z]+://[^\s]*[.com|.cn]')
result = re.findall(url, str)
print(result)    #['http://www.baidu.com']
```

2. 如何匹配出以13或15或18开头的11位手机号？

答：问题中提出的3种开头方式，其中共同点是首位为1，后面跟上可选数字，因此使用"1[358]"，然后是9位任意数字，所以可使用"\d{9}$"，实例代码如下所示。

```
import re
def main():
    tel = input(" 请输入手机号 :")
    ret = re.match(r"^1[358]\d{9}$", tel)
    if ret:
        print(" 匹配成功 ")
    else:
        print(" 匹配失败 ")


if __name__ == "__main__":
    main()
```

常见异常与解析

1. 爬取网页未通过认证抛出异常，如"requests.exceptions.SSLError: HTTPSConnectionPool"，如图6-5所示。

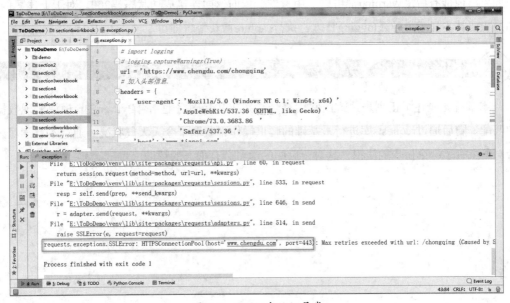

图 6-5　SSL证书认证异常

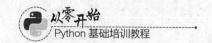
出现这种异常的原因有很多，如域名出现错误，将其修改正确即可，一般情况下不会出现这种错误。异常极有可能是浏览器认证导致的，此时就可以使用verify参数将其设置为False，并忽略其SSL证书认证。但是这种未经验证的访问是存在安全风险的，读者需谨慎操作。

2. InsecureRequestWarning警告异常，如图6-6所示。

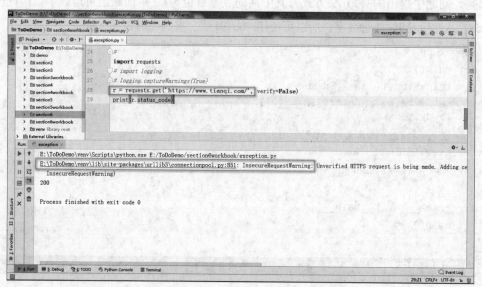

图 6-6　InsecureRequestWarning警告

对于一般警告来说，都可以忽略，因为它不会影响程序的继续运行，所以在后续的学习中如果出现带有后缀Warning都可以不用考虑，依旧返回连接成功状态码200。对于上述案例，如果想要其不显示可导入logging日志，执行capture捕获警告即可。

⚠ **本章小结**

本章首先概述了正则表达式的常用符号，并在其基础之上结合Python的re模块实现数据的匹配。随后通过requests库进行最基础的爬虫操作，获取了今天天气状况。通过本章学习读者对爬虫有了一个初步的认识，这对于后续的学习会有很大的帮助。

第 2 篇　进阶篇

掌握 Python 的基本操作和基础语法，毫无疑问是后期进阶学习的垫脚石，也是每个学习者必修的阶段，只有打牢基础才能在后面的学习中事半功倍。本篇是进阶的知识点，难度也会相应增加。同时本篇也是初学者对这门语言掌握的一个分层阶段，如面向对象虽只是一种思想，但对这种思想的掌握程度不同，理解程度也会有所不同。除此之外，本篇还将介绍算法和文件操作，以及程序执行通道线程等知识点。

第**7**章

面向对象

本章导读 ▶

面向对象是什么,可以用来做什么? 这都是学习中会产生的疑问,在前面章节的学习中已经有不少的接触,如函数中为区分私有函数和公开函数而创建的一个类,它是对象吗? 本章将通过类的定义,以及面向对象程序设计的3种特点来阐述。

知识架构 ▶

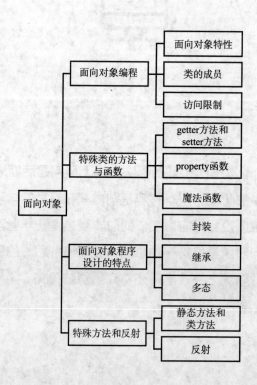

7.1 · 面向对象编程

对象是什么？其实万物皆对象，如一个人可以是对象，动物也可以是对象。Python编程就是面向对象编程。类是用来描述具有相同属性和方法的对象的集合，并且定义了该集合中每个对象所共有的属性和方法，换言之类是对象的实体体现。

7.1.1 面向对象特性

简单来说，面向对象编程就是基于对类和对象的使用，以及所有的代码都是通过类和对象来实现的。在Python中面向对象程序设计拥有三大特性：封装、继承、多态，这些特性将会在后续相关内容中逐一介绍。

7.1.2 类的成员

定义一个类必须知道其组成，类的基本成员有字段、方法、属性。字段同样还可以细分为成员属性和实例属性，方法可根据访问权限分为私有方法和公有方法，根据作用对象又可以分为静态方法和类方法。既然知道类的成员后，那么如何定义一个类呢？语法格式如下。

```
class ClassName:  #ClassName 类名，classbody 就是可以存放在类中的成员
classbody
```

根据语法自定义一个类，实例代码如下所示。

```
class Animal:
    def __init__(self):      #构造方法，新建一个对象必须具有的实例化方法
        self.name = "大象"
    def eating(self):
        print("{}吃素".format(self.name))
```

如上述实例中name便是该类的实例属性，eating是一般公有方法。

温馨提示

ClassName 类进行命名的方式同样遵守驼峰式命名规则，它与方法进行命名的区别在于类的命名首字母需要进行大写，而方法的首字母要小写，这样更容易区分两者。

7.1.3 访问限制

通过定义一个类可以知道类中的成员是如何分工的，但是这些成员又起什么作用呢？为方便读者理解，在前面的章节中特意将方法也命名为函数，并且在函数章节中还区分了私有

和公开，其实这样是不妥的。因为函数和方法是不同的，如求最大值max函数是Python的内置函数，而方法是定义类之后才产生的，因此必须通过对象调用才会实现。并且函数和方法的作用域也不同，前者从函数调用开始至函数执行完成，返回给调用者后，在执行过程中开辟的空间会自动释放，也就是说函数执行完成后，函数体内部通过赋值等方式修改变量的值不会保留。后者通过实例化对象进行方法的调用，调用后开辟的空间不会释放。

如果要调用一个类中的方法，必须要创建对象之后通过"对象.方法"进行实现，那么属性是否也有访问限制，以及其调用方式又如何呢？下面看看具体实例。

```
class Animal:
    age = 100
    __sex = "male"  #私有成员属性，双下划线开头
    def __init__(self):      #构造方法，新建一个对象必须有的实例化方法
        self.name = "大象"
    def eating(self):
        print("{} 吃素 ".format(self.name))        #内部属性或者方法调用使用 self
    def memberAge(self):
        print(self.age,"= 调用成员属性 age")
    def __saying(self): #私有方法
        print("{} 不能说话 ".format(self.name))


ele = Animal()     #创建对象
print(ele.name) #大象，实例属性
print(ele.age)  #100, 成员属性
ele.eating()      #调用一般方法
ele.memberAge()
```

由上述可知成员属性的调用与一般方法调用是一样的，都通过"对象."的方式来调用，如ele.name。但是细心的读者就会发现使用"ele.__sex"属性和"ele.__saying"方法调用却不行。这是因为受到了访问限制，其中"__sex"属性和"__saying"方法都被私有化，不能让外来的对象随意调用，从而保护了对象的安全，如用户注册信息，该用户信息被生成一个对象后，是不能随意交由其他对象管理的，否则会造成人员信息泄露的风险。因此安全保护措施是非常有必要的，但是如果有些对象必须要调用私有属性或者方法，如登录进行人员验证时要调用用户注册信息，又有什么方式可以来调用呢？下面看看这个实例。

```
class Animal:
    age = 100
    __sex = "male"  #私有成员属性
    def __init__(self):      #构造方法，新建一个对象必须有的实例化方法
        self.name = "大象"
    def eating(self):
        print("{} 吃素 ".format(self.name))
    def memberAge(self):
        print(self.age,"= 调用成员属性 age")
```

```
    def __saying(self): #私有方法
        print("{} 不能说话 ".format(self.name))

ele = Animal()
print(ele.name) #大象，实例属性
print(ele.age)  #100，成员属性
ele.eating()    # 调用一般方法
ele.memberAge()
print(ele._Animal__sex) #male，调用私有属性
ele._Animal__saying()    #调用私有方法
```

实例中最终通过"对象._类名__属性"和"对象._类名__方法()"语法格式分别调用私有属性和私有方法。可见，Python是非常灵活的，对象既可以私有化，也可以通过特定语法对私有化对象进行访问。

7.2 特殊类的方法与函数

通过对方法和属性细分的学习，了解不同的方法和属性调用时会有所不同，除了通过"对象._类名__属性"获取私有属性，Python还提供getter方法和setter方法用于外部访问。那么存在于类中的属性函数和魔法函数，其调用方式又会有什么不同呢？

7.2.1 getter方法和setter方法

Python提供了getter方法和setter方法，与"对象.属性"方式相比，可以更直观，能安全地访问私有化对象中的属性。如在setter方法中对传入value值进行值类型判断，可防止抛出参数类型不符的异常，实例如下所示。

```
class Sale(object):
    def __init__(self):
        self.__money = 0

    def getMoney(self):
        return self.__money

    def setMoney(self, value):
        if isinstance(value, int): #int 类型判断
            self.__money = value
        else:
            raise ValueError('value 必须是 int')
sa = Sale()
print(sa.getMoney())    #0，拿到私有实例属性值
```

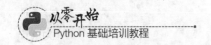

```
print(sa.setMoney(100)) #设置私有实例属性值为100
print(sa.getMoney())     #100，再次获取值
print(dir(sa)) #获取对象中所有的属性
```

显而易见，在Python中getter方法和setter方法同样可以实现对私有属性的获取和设置操作。相对于前面那种通过"对象_类名__属性"只能获取属性的方式更直观简易。

7.2.2 property函数

前面函数章节中已经学习了装饰器及其使用，那么在类中是否也能使用装饰器呢，以及property函数该如何使用，getter方法与setter方法对比又会有什么区别？下面通过具体实例来了解。

```
class Sale(object):
    def __init__(self):
        self.__money = 0
    @property
    def productSale(self):
        return self.__money
    @productSale.setter
    def productSale(self, value):
        self.__money = value


sa = Sale()
print(sa.productSale)    #0
sa.productSale = 200     #设置价格为200
print(sa.productSale)    # 对象.方法名得到数据200
print(dir(sa)) #获取对象中所有属性
```

从上述实例可以知道，property是Python中的一种属性函数，其作用分为两点：一是将类中所修饰的方法转为只读属性；二是等效于getter方法和setter方法具有的特性。

property装饰器的实现效果是标记getter方法并把它变成属性，然后在setter方法中所创建的另一个装饰器@productSale.setter的作用是把一个setter方法变成属性赋值。所以在此通过"对象.方法名"获取数据，其作用效果等同于"对象.属性"。

温馨提示

在此处@property装饰器的作用是用于标记getter方法（获取属性值对象的方法），以及将其变为属性，与此类似的是@productSale.setter装饰器，其作用是把一个setter方法（设置属性值对象的方法）变成属性赋值。

对比 7.2.1 和 7.2.2 中实例，从 dir() 函数所获取的所有属性可以知道，productSale 已成为属性并包含在对象中。

7.2.3 魔法函数

在Python中，经常看到以双下划线（__）包裹起来的函数，如常见的__init__，这些函数被称为魔法函数，它们可以给Python的类提供特殊功能，方便订制一个类，比如__init__可以对实例属性进行初始化，接下来将介绍常用的几种魔法函数。

1. __str__ 函数

当输出一个对象实例时，返回str()的返回值，其具体实例如下所示。

```python
class SayName(object):
    def __init__(self, name):
        self.name = name
    def __str__(self):
        return 'my name is {}'.format(self.name)
sn = SayName("jasonborn")    #初始化名称
print(sn)    #my name is jasonborn
```

2. __iter__ 函数

实例对象如果用于for...in循环，这时需要在类中定义__iter__和__next__两个函数，其中__iter__返回一个迭代对象，__next__返回容器的下一个元素，其具体实例如下所示。

```python
class Add(object):
    def __init__(self):
        self.num = 0

    def __iter__(self):    # 返回迭代器对象本身
        return self

    def __next__(self):            # 返回容器的下一个元素
        self.num = self.num + 1
        return self.num
add = Add()
for i in add:
    if i > 10:
        break
    print(i)        # 输出1-10
```

3. __len__ 函数

实例对象调用len()函数的时候返回__len_函数的值，其具体实例如下所示。

```python
class Length(object):
    def __init__(self,*args):
        self.length = args
    def __len__(self):
        return len(self.length)
ls = [1,2,34,4,5]
```

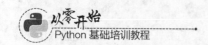

```
le = Length(ls,'two',"three")
print(len(le))   #3, 返回初始化对象的长度
```

温馨提示

其他魔法函数可以通过 Python 的官方文档进行深入学习。

7.3 面向对象程序设计的特点

在Python中面向对象程序设计的特点有3个，分别为封装、继承、多态。下面对这些特点进行介绍。

7.3.1 封装

封装是面向对象的三大特征之一，它指的是将对象的状态信息隐藏在对象内部，不允许外部程序直接访问对象内部信息，但可以通过该类所提供的方法来实现对内部信息的操作和访问，其具体实例如下所示。

```
class Person:
    def __init__(self, name, age):
        self.name = name
        self.age = age

    def speak(self):
        print (self.name,self.age)
p = Person("tom",22)
p.speak()   #tom 22
```

上述实例就是一个简单的封装过程，其目的在于将属性集合放在一个类中，并通过本类中的方法调用访问其属性，如类中的getter方法和setter方法。

7.3.2 继承

子类可以继承父类（或称基类），可以将多个类共有的方法抽取到父类中，从而提高代码的简洁性。不同于其他语言，Python的继承是多继承机制，即一个子类可以同时有多个直接父类。

若Python子类需继承多个父类时，需要将多个父类的类名放在子类类名所在括号里面，其具体实例代码如下所示。

```python
class Animal():
    def __init__(self, name, age):
        self.name = name
        self.age = age
    def eat(self):
        print ("吃食物！")

class Dog():
    def __init__(self,age):
        self.age = age
    def run(self):
        print("我可以跑","今年{}岁".format(self.age))

class Person(Animal,Dog):
    def __init__(self, name,age):
        super (Person,self).__init__ (name,age)  #使用父类__init__进行初始化子类
        self.name = name
    def watchingTV(self):
        print("看电视")


dog = Dog(3)
dog.run()    #我可以跑 今年3岁
p = Person("jack",23)
p.watchingTV()   #继承动物的eat方法及name和age,同时继承Dog的run方法
p.run() #我可以跑 今年23岁
```

上述实例中，Person不仅继承了Animal的属性还继承了Dog的方法和属性，这就是多继承的特点，可以减少代码的复用性。如果此时单独用一个类来作为基类，并用来存放公用的方法或者属性就会降低耦合性。

▌**温馨提示**

耦合性是一种软件度量，是指程序中模块及模块之间信息或参数依赖的程度。

7.3.3 ▶ 多态

在Python中变量并没有声明类型，因此同一个变量完全可以在不同的时间引用不同的对象。当同一个变量在调用同一个方法时，可能会呈现出多种行为，具体行为只有该方法或者属性被调用时才会被指出，这就是多态。其具体实例代码如下所示。

```python
# 多态中不同的类进行相同的调用，可能会产生不同的结果

class Dog(object):
    def __init__(self):
```

```
            self.name = 'Dog'
        def jump(self):
            print(' 狗可以跳 ')


class bird(object):
    def __init__(self):
        self.name = 'bird'
    def jump(self):
        print(' 鸟可以跳 ')


class Animal(object):
    def fun(self, obj):
        print(obj.name)
        obj.jump()


one = Dog()
two = bird()
a = Animal()
a.fun(one)    #Dog, 狗可以跳
a.fun(two)    #bird, 鸟可以跳
```

虽然Python中的多态思想存在着争议，但是由上述实例可知，这种程序代码的灵活性很强，同一种形式调用，可以返回不同的结果，降低耦合度，增加程序的可扩展性。扩展时只需要继承一个新建的类，而不需要修改原有的代码。

7.4 特殊方法和反射

前面7.1.2节中提到过方法还可以细分为静态方法和类方法。那它们又是如何定义，如何使用的呢？若需要操作类中的数据属性和函数属性，那么能进行动态修改吗？

7.4.1 静态方法和类方法

静态方法是通过在方法上使用装饰器@staticmethod修饰，并且不带self参数的一种方法，可以直接通过"类名.方法名"进行调用。它虽然逻辑上属于类，但是和类本身没有关系。对于类方法而言，它使用装饰器@classmethod，其中第一个参数必须是当前类对象，该参数名默认使用"cls"，通过它来传递类的属性和方法。其具体实例代码如下所示。

```
class Number(object):
    a = 4
```

```
        b = 2
    @staticmethod
    def div(a,b):
        return a/b
    @staticmethod
    def staticMethod():
        print(' 静态方法 ')
        return Number.div(Number.a,Number.b)     #类名点属性
    @classmethod
    def classMethod(cls):
        print(' 类方法 ')
        return cls.div(cls.a,cls.b) # 在类方法中使用静态方法
n = Number()
print(n.staticMethod())
print(n.classMethod())
```

类方法的调用相对于静态方法有了更多的选择，因为类对象和实例对象都可以调用类方法。

7.4.2 ▶ 反射

我们已经知道通过getter函数和setter函数可以对属性值进行操作，以及property函数可以对属性本身进行设置，那么还有没有其他方法可以对属性进行设置呢？在Python中有4个函数，分别为getattr、hasattr、setattr、delattr，它们也可以用来操作对象中的属性或方法。具体实例代码如下所示。

```
class Books(object):

    def __init__(self):
        self.name = "book"

    def func(self):
        return "python"

obj = Books()
res = getattr(obj,"name") #返回属性值
print(res)   #book
res = getattr(obj,"func") #返回函数内存地址
r = res()
print(r)     #python，调用函数返回内存地址对应函数的值
print(dir(obj)) #全部属性
res = hasattr(obj,"name")
print(res)   #True
#设置属性值
```

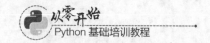

```
res = setattr(obj,"onepice"," 路飞 ")
print(obj.onepice) #路飞
# 删除对象的属性
delattr(obj,"name")
# print(obj.name) 属性已经删除
print(dir(obj))
```

上述实例中，通过创建对象进行动态的属性获取、设置、删除等操作。getattr函数的作用在于，如果存在属性值则返回属性值，如果是方法名则返回方法的内存地址。若该函数中第二个参数没有在对象中找到，则返回没有这个属性的信息，并抛出异常。hasattr函数用于检查对象中是否存在对应的属性和方法，当找到该函数第二个参数时返回true，否则返回false。setattr函数用于设置属性对应的属性值。delattr函数的作用在于删除对象属性，删除该属性后，再去访问该属性，就会抛出异常。

 思考与练习

1. 类的属性和对象的属性有什么区别？

答： Python中一切皆对象，因此"类"也是一种对象，所以问题关键在于谈论"类"这样一种特殊的对象与其他对象的区别。类属性仅是与类相关的数据值，和普通对象属性不同，类属性和实例对象无关，如类中静态成员字段（因为类成员字段级别很高，所以可以当作静态成员字段）。这些值像静态成员那样被引用，即使在多次实例化中调用类，它们的值都保持不变。总之，静态成员不会因为实例而改变它们的值，除非实例中显式改变它们的值。

2. 面向对象的三大特性有什么好处？

答： 面向对象的三大特性如下。

- **继承：** 解决代码的复用性问题。
- **封装：** 对数据属性严格控制，隔离复杂度。
- **多态性：** 增加程序的灵活性与可扩展性。

3. 下列代码中的问题出在哪里？

```
class Dog(object):

    def __init__(self,name):
        self.name = name

    @property
    def eat(self):
        print("{} 吃的苹果 ".format(self.name))
```

```
d = Dog("dog")
d.eat()
#d.eat
```

答： 该代码中因为 @property装饰器使eat方法发生了改变，d.eat()应该改为d.eat，可以使用"对象.方法名"方式调用。

常见异常与解析

1. 获取属性异常 "AttributeError: 'Animal' object has no attribute '__sex'"，如图7-1所示。

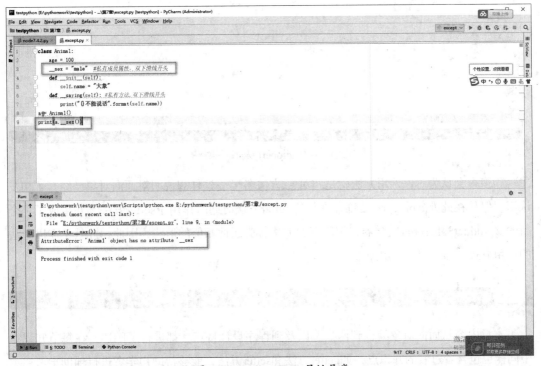

图 7-1　AttributeError属性异常

出现这种异常是很容易解决的，首先看类中是否存在该属性，如果存在看这个属性是否为私有，如图7-1所示，该异常为强制访问私有属性造成的。以下两种方法可以解决上面问题。

① 提供getter方法和setter方法可在本类中访问。

② 通过"a._Animal__sex"语法快速访问。

2. 出现"SyntaxError: can't assign to function call"语法错误，如图7-2所示。

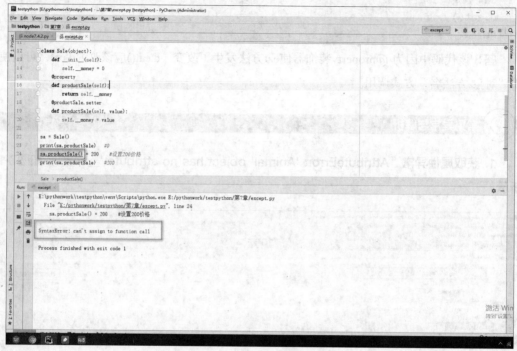

图 7-2　property属性异常

很多人会认为对象调用方法就是"对象.方法名()"，这样想说明对面向对象已经有了初步认识。但是在此处@property装饰器在修饰getter方法时同时作用于setter方法，并生成了一个新的@productSale.setter装饰器，把原有的方法转为属性赋值的形式，因此，此处不能以方法的调用方式，而应用"对象.属性名"。

 本章小结

本章内容从面向对象编程到函数，以及到程序设计特点，都进行了阐述，在每节知识点中同样也包含着过渡的知识点，如getter方法和setter方法，能够帮助初学者进行辅助学习。本章学习的是一种思想，建议读者多尝试自定义类，创建属于自己的对象，慢慢培养起面向对象的编程思想。

第8章

常见数据结构和排序算法

本章导读 ▶

　　前面的章节中已经学习了基本类型、浮点类型等，以及列表、字典等数据类型。那么还有没有更底层、更高级的数据结构呢？本章将介绍队列、栈等数据结构，同时也会讲述常见的排序算法。

知识架构 ▶

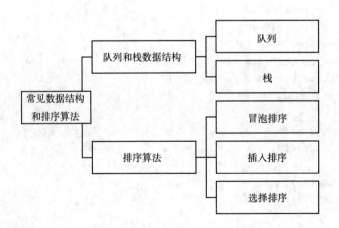

8.1 队列和栈数据结构

Python中已经存在队列和栈等数据结构的模块，其中实现队列的模块是queue，实现栈的模块为pythonds。模块的使用直接导入即可，其使用方式可以参考后续相关的章节。为读者更好地理解数据结构，接下来通过自定义两种数据结构来进一步学习。

8.1.1 队列

队列是一种先进先出的线性表，简称FIFO。它允许插入的一端为队尾，且删除的一端为队头，其效果类似水管中的水，先进入的最先出来。另外队列不允许在中间部位进行操作。队列的应用也是比较广泛的，如RabbitMQ（消息队列）。那么如何模拟实现队列呢？可以看看下面这个实例。

```python
class MyQueue():
    def __init__(self,size):
        self.size = size   #队长
        self.queue = []
    # 入列
    def push(self,m):
        # 队满
        if self.isFull():
            return -1
        self.queue.append(m)
    # 出列
    def outQueue(self):
        if self.isFull():
            return -1
        queue_ = self.queue[0]
        self.queue.remove(queue_)
        return queue_
    # 添加
    def input(self,n,m):
        self.queue[n] = m
    # 移除
    def remove(self,m):
        if self.isEmpty():
            return -1
        self.queue.remove(m)
    # 获取队列长度
    def getLength(self):
        return len(self.queue)
    # 队满
```

```
        def isFull(self):
            if self.size == self.getLength():
                return True
            return False
    #队空
        def isEmpty(self):
            if self.getLength() == 0:
                return True
            return False
        def __str__(self):
            return "queue"+str(self.queue)
if __name__ == '__main__':
    qu = MyQueue(10)
    for i in range(10):
        qu.push(10)
    qu.input(2,3)
    qu.outQueue()
    print("qu=",qu)
    qu.remove(3)        #移除队列中数据为 3 的元素
```

上述实例通过对队列中成员的添加、移除来搭建队列完成其实现。此外，还可以使用节点的指针方式完成队列的搭建。不管以怎样的实现方式，都必须实现两个方法，其中一个是判断队满的方法，如上述实例中的isFull，另一个就是判断队空的方法，如上述实例中的isEmpty。

8.1.2 ▶ 栈

栈是一个后进先出的数据结构，其工作方式就像洗碗放盘子，最先放入的一个要最后取出来。可以把Python内置的列表当作栈来使用（栈是一种特殊的列表），其实现方式如下述实例所示。

```
class Stack ():
    def __init__(self, size):
        self.size = size
        self.stack = []
        self.top = -1
    # 入栈
    def push(self, parmeter):
        # 入栈判断是否已满
        if self.isfull ():
            return "stack isfull"
        else:
            self.stack.append (parmeter)
            self.top = self.top + 1
```

```
# 出栈
    def pop(self,m):
        # 出栈判断是否为空
        if self.isempty ():
            return "stack isEmpty"
        else:
            self.top = self.top -1
            return self.stack.pop(m)

    def isfull(self):
        return self.top + 1 == self.size

    def isempty(self):
        return self.top == -1

    def __str__(self):
        return "stack" + str (self.stack)
if __name__ == '__main__':
    # 定制栈长度
    s=Stack(20)
    # 放入值
    for i in range(10):
        s.push(i)
    #移除
    s.pop(2)
    # 输出结果
    print(s) #stack[0, 1, 3, 4, 5, 6, 7, 8, 9]
```

栈是一种特殊的列表，栈内的元素只能通过列表的一端访问，这一端便是栈顶。栈的两种主要操作是将一个元素压入栈和将一个元素弹出栈。上述实例中，入栈使用push()方法，出栈使用pop()方法。由于栈具有后入先出的特点，所以任何不在栈顶的元素都无法访问。为了得到栈底的元素，必须先取出上面的元素，如上述实例中"self.top – 1"，目的就是为了获取指定的元素。

8.2 排序算法

"二分搜索"可以提高列表中元素的查找，那么有没有什么方法可以让排序的执行更高效率呢？毫无疑问答案是肯定的，程序执行的效率高是一门语言生存的基本，接下来讲解Python中的一些高效率排序算法。

8.2.1 冒泡排序

在一排苹果中要选出最大的那一个，通常是两两比较选其最大。冒泡排序的原理便是如此，通过两两比较选出最大，然后从左到右交换位置，位置交换后再次进行比较。如左边第一个苹果L1与左边第二个苹果L2进行比较，若第一个大于第二个，那么交换位置，L1再和左边第三苹果L3比较，如果还是L1大，那么再次交换位置，直到L1小于下一个的时候停止L1的位置交换，大于L1的那个苹果继续和后面的苹果进行大小比较，直到一排中最后一个判断结束。然后执行第二次操作，依旧还是从左侧开始，不过这时候的第一个苹果是L2，同样与第二个苹果L3判断，此时若L2小于L3，那么L2不再交换，L3继续和后面的苹果进行比较判断，依次进行这个过程直到没有元素再进行判断，最后结束程序。具体实例代码如下所示。

```python
def bubbleSort(arr):
    for i in range(1, len(arr)):
        for j in range(0, len(arr) -i):
            if arr[j] > arr[j+1]:
                # 交换位置，效果等同于空杯原理
                arr[j], arr[j + 1] = arr[j + 1], arr[j]
    return arr
if __name__ == '__main__':
    ls = [1,2,3,4,65,2,21,1,13]
    print(bubbleSort(ls))   #[1, 1, 2, 2, 3, 4, 13, 21, 65]
```

这个看似很简单的程序，却有着较强的逻辑关系，读者在理解过程中勿要直接看代码，先理清思路，从第一遍循环开始思考，直到最后一次判断结束。

8.2.2 插入排序

插入排序虽然在代码实现方面没有冒泡排序那么简单，但相比冒泡排序繁杂重复的流程，它的原理是较容易理解的。插入排序是简单直观的排序算法，它的工作原理就是通过构建有序序列，对于未排序数据，在已排序序列中从后向前扫描找到相应位置并插入。因此它也叫拆半插入，其具体实例代码如下所示。

```python
def insertSort(arr):
    for i in range(len(arr)):
        preIndex = i -1
        currentEle = arr[i]
        while preIndex >= 0 and arr[preIndex] > currentEle:
            arr[preIndex+1] = arr[preIndex]
            preIndex -=1
        arr[preIndex+1] = currentEle
    return arr
if __name__ == '__main__':
```

```
ls = [12,3,4,5,5,64,31]
print(insertSort(ls))   #[3, 4, 5, 5, 12, 31, 64]
```

代码执行的起始便是将待排序序列的第一个元素看作是一个有序序列，把第二个元素到最后一个元素当成是未排序序列。然后从头到尾依次扫描未排序序列，将扫描到的每个元素插入到有序序列的适当位置。在插入比较的同时如果待插入的元素与有序序列中的某个元素相等，则将待插入元素插入相等元素的后面。

8.2.3 选择排序

选择排序是一种简单直观的排序算法。如果数据量增加，那么其排序时间也会相应增加，因此它的使用范围仅限于数据量小的情况下，具体实例代码如下所示。

```
def selectSort(arr):
    for i in range(len(arr) - 1):
        # 初始索引
        minIndex = i
        for j in range(i + 1, len(arr)):
            # 如果小于初始索引的值，则替换初始索引
            if arr[minIndex]>arr[j] :
                minIndex = j
        # i不是初始索引，交换位置
        if i != minIndex:
            arr[i], arr[minIndex] = arr[minIndex], arr[i]
    return arr
if __name__ == '__main__':
    ls = [2,3,4,5,56,5,2,121]
    print(selectSort(ls))    #[2, 2, 3, 4, 5, 5, 56, 121]
```

选择排序实现原理其实是将一个元素与后面的所有元素逐个进行比较，如果后面的元素小于前面元素，就记录其索引位置，然后将其位置进行替换。

排序算法除了上述几种还有很多，它们各有所长，具体使用方式还需要结合实际情况，在数据量稍大的情况下冒泡排序是最优的选择。

思考与练习

1. 列表、队列、栈的区别是什么？

答：列表是一种数据类型，当原有长度不够时，会重新开辟地址并把原来的数据复制过来。队列和栈是描述数据存取方式的概念，其中队列是先进先出，而栈是后进先出，但是它们都可以用列表来实现。

2. 冒泡排序有什么优化的地方？

答： 使用冒泡排序时，若给出的列表一次位置变化都未发生，那么程序可以直接跳过执行。

```
array = [12, 124, 14, 353, 354, 6]
def bubble_sort(array):
    for i in range(len(array) -1):
        flag = False
        for j in range(len(array) - i -1):
            if array[j] > array[j+1]:
                array[j], array[j+1] = array[j+1], array[j]
                flag = True
        if not flag:
            break
    return array
print(bubble_sort(array)) #[6, 12, 14, 124, 353, 354]
```

常见异常与解析

索引越界，出现异常错误如"IndexError: list assignment index out of range"，如图 8-1所示。

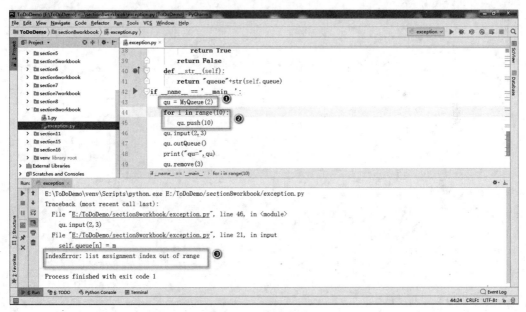

图 8-1 索引越界

索引越界问题大多是由于访问的值超过了数据类型长度，此处定位在①的队列长度为2，而实际进行入列的push值长度为10，明显超过其长度范围。因此，只需要将其设定的值大于10即可。

本章小结

    本章内容涉及的知识点较为复杂，在理解上会稍感困难，主要以队列、栈数据结构实现方式来深入学习底层数据结构的操作原理，其次是通过多种排序算法来深入剖析代码高效率执行排序的方式。通过不断学习，随着对程序底层运行原理的深入理解，那么对编程的理解也会越来越透彻。

第 **9** 章
文件和目录

本章导读 ▶

　　无论是一般工作人员，还是其他行业人员，在工作中都会接触不少文件，也会熟悉文件的存放路径和打开方式，那么为什么还要单独提出来阐述？在开发者眼中文件又是以怎样的形式存在的呢？本章将详细讲解Python中的文件和目录。

知识架构 ▶

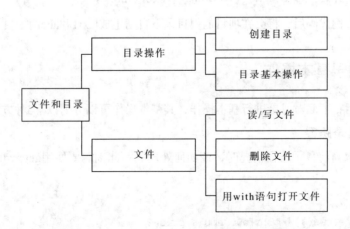

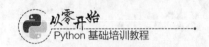

9.1 目录操作

程序的编码操作其实就是对目录和文件的操作，目录也称为文件夹，其作用是将所属资源统一归放在一处。由此可知，程序对目录的操作也是对该目录及其资源所在位置的操作。

9.1.1 创建目录

有读者可能会问，通过右击鼠标新建目录不就是创建文件夹吗？这对于非开发者而言这样理解自然是正确的，但我们还需要学会如何通过代码创建目录。实现创建目录可使用mkdir函数，其语法格式和实例代码分别如下所示。

```
os.mkdir(path,[,mode])   #path 为创建的目录，mode 为目录设置的权限数值模式
```

```
import os
# 创建目录 demo
os.mkdir ("demo")
# demo 下面生成 text 目录
os.mkdir("E:\\ToDoDemo\\section9\\demo\\text")
```

执行上述代码将会在代码文件所在项目的根目录下生成一个demo目录，并且在该目录下再生成一个text目录。由上述代码可知，通过mkdir函数可以创建一个空目录，但是如果在创建text目录时没有生成demo目录，或将demo目录路径换成一个未创建目录，该目录就会创建失败。这时可以使用到另一个函数makedirs，其语法格式和实例代码分别如下所示。

```
os.makedirs(path,[,mode]) #path 为创建多层目录，mode 为目录设置的权限数值模式
```

```
import os
os.makedirs("E:\\ToDoDemo\\section9\\text1\\abc")
```

执行上述实例代码后，将会在项目的根目录下自动生成text1和abc两个目录。

9.1.2 目录基本操作

创建目录后，下面对目录进行基本操作，其基本操作可以分为以下3种方式。

1. 获取目录路径

当需要获取当前目录路径情况时，该如何处理呢？此刻需要使用getcwd函数，其实例代码如下所示。

```
import os
print(os.getcwd())   #E:\ToDoDemo\section9
```

虽然看似是很简单的函数，但是其使用频率很高，后续获取指定目录下文件和目录的操作时，就会使用该函数提供的路径作为参数。

2. 删除目录

如果一个目录为空且毫无用处时，就可以进行删除，目录删除可使用rmdir函数，其语法格式和实例分别如下所示。

```
os.rmdir(path)    #path 为需要删除目录的路径
```

```
import os
os.rmdir("E:\\ToDoDemo\\section9\\text1")
```

3. 目录遍历

通过递归可以对目录操作，来获取其下所有子目录和文件的信息。那么还有更简单的方式吗？这里介绍walk函数，其语法格式如下所示。

```
os.walk(top[,topdown][,onerror][,followlinks])
#top 为需要遍历的根目录
#topdown 默认为 True，表示自上而下进行遍历操作，反之 False 表示自下而上进行遍历
#onerror，当 walk 需要异常时，则调用
#followlinks 如果设置为 True 则遍历目录下的快捷方式，如果为 False 则优先遍历 top 的子目录
```

首先创建目录text1并在其下层创建abc子目录，然后通过walk函数遍历目录，具体实例代码如下所示。

```
for root,dirs,files in os.walk(r"E:\\ToDoDemo\\section9\\text1"):
        for name in files:
                print (name)
        for dirname in dirs:
                print (dirname) #abc
        print(root)
                #E:\\ToDoDemo\\section9\\text1 E:\\ToDoDemo\\section9\\text1\abc
```

walk函数返回的是元组对象，其分别为当前遍历路径、当前路径下子目录和当前路径下所有文件。在上述实例中只需传入目录路径，即可对其所在位置的目录进行遍历。

9.2 文件

每个应用软件的实质都是通过操作文件来实现的，如开发者通过编写程序完成编译文件，而这些编译文件中的程序代码则用来完成指令所需的操作，最后实现应用软件的功能。

9.2.1 ▶ 读/写文件

在Python中存在一个函数open，当文件路径存在时，它可以打开文件；当文件不存在时它可以创建文件，其作用性非常强。语法格式如下。

```
file = open(fileName[,mode][,buffering])
#fileName：指定路径下文件的字符串，如果该文件处在同级目录时，则直接输入该文件名即可
```

#mode：默认打开模式为 r，表示只读，更多模式的参数值如表 9-1 所示
#buffering 的值如果被设为 0，就不会有寄存。如果值为 1，访问文件时会寄存行。如果将
#buffering 的值设为大于 1 的整数，则表明是寄存区的缓冲大小。如果取负值，寄存区的缓
冲大小则为系统默认

Open函数中mode参数值如表9-1所示。

表 9-1 mode 参数值

模式	描述
r	以只读方式打开文件。文件的指针将放在文件的开头，即默认模式
rb	以二进制格式打开一个文件用于只读。文件指针将放在文件的开头，即默认模式。一般用于非文本文件，如图片等
r+	打开一个文件用于读/写。文件指针将放在文件的开头
rb+	以二进制格式打开一个文件用于读/写。文件指针将放在文件的开头。一般用于非文本文件，如图片等
t	文本模式（默认）
x	写模式。新建一个文件，如果该文件已存在则会报错
b	二进制模式
+	打开一个文件进行更新（可读/写）
w	打开一个文件只用于写入。如果该文件已存在则打开文件，并从文件的开头进行编辑，即原有内容被删除。如果该文件不存在，则创建新文件
wb	以二进制格式打开一个文件只用于写入。如果该文件已存在，则打开文件，并从文件的开头进行编辑，即原有内容被删除。如果该文件不存在，则创建新文件。一般用于非文本文件，如图片等
w+	打开一个文件用于读/写。如果该文件已存在，则打开文件，并从文件的开头进行编辑，即原有内容被删除。如果该文件不存在，则创建新文件
wb+	以二进制格式打开一个文件用于读/写。如果该文件已存在，则打开文件，并从文件的开头进行编辑，即原有内容被删除。如果该文件不存在，则创建新文件。一般用于非文本文件，如图片等
a	打开一个文件用于追加。如果该文件已存在，文件指针将放在文件的结尾。也就是说，新的内容将被写入到已有的内容之后。如果该文件不存在，则创建新文件进行写入
ab	以二进制格式打开一个文件用于追加。如果该文件已存在，文件指针将放在文件的结尾。也就是说，新的内容将被写入已有的内容之后。如果该文件不存在，则创建新文件进行写入
a+	打开一个文件用于读/写。如果该文件已存在，文件指针将放在文件的结尾。文件打开时会是追加模式。如果该文件不存在，则创建新文件用于读/写
ab+	以二进制格式打开一个文件用于追加。如果该文件已存在，文件指针将放在文件的结尾。如果该文件不存在，则创建新文件用于读/写

通过open函数可以打开文件，那么文件是如何进行写/读的呢？接下来将通过文件的写和读两个方面来进行说明。

① 创建文件并执行写操作，具体实例代码如下所示。

```
file = open("demo.txt",'w')
file.write("hello-world")
file.close() # 关闭流
```

执行实例代码即可在同级目录下看到生成的demo.txt文件，打开该文件即可看见已写入"hello-world"文字，file.close是文件创建及写入完成后关闭流的操作，其主要目的在于将放在内存中的内容刷新到磁盘中去，正因如此，才可以修改write()中的内容，并且执行，文件中的文字内容将被更新替代。

② 读取文件使用read函数，具体实例代码如下所示。

```
file = open ("demo.txt",'r')
print(file.read()) #hello-world
```

通过上述实例可以轻易获取文件中的内容，如此简单的操作，可显示其功能的强大。那是不是所有格式的文件都可以这样打开呢？回答是否定的。如果有一个文件编码格式为ANSI，此刻访问则会抛出异常，因为open函数默认采用GBK编码。那么该如何处理呢？设置编码格式实例代码如下所示。

```
file = open ("demo1.txt",'r',encoding='utf-8')
print(file.read()) #abc
```

9.2.2 删除文件

在os模块中，只要存在rmdir函数就可以移除目录，操作非常方便，那么文件的删除函数又是什么呢？其语法格式如下。

```
os.remove(path)    #path 为要移除文件的路径
```

删除同级目录的文件时，直接输入文件名即可，或者使用绝对路径，删除指定文件，具体实例代码如下所示。

```
import os
os.remove("demo.txt")     #同级目录的文件
os.remove("C:\hello.txt")    #删除指定路径文件
```

此函数不能在目录中使用，因为会抛出异常。

前面已经讲过可以通过getcwd函数获取目录路径，那么是否有能够展示目录中所有文件和目录的函数呢？其语法格式如下。

```
os.listdir(path)    #path 为要查看的目录路径
```

对于如图9-1所示的目录结构，如果要删除指定目录中的某个文件又该怎么办呢？

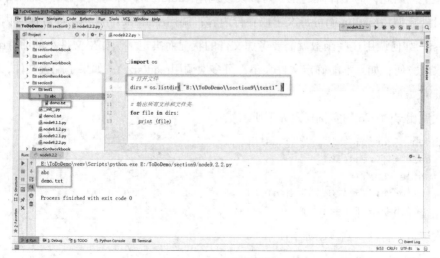

图 9-1 目录结构层次

具体实例代码如下所示。

```
import os.path
import os
path = "E:\\ToDoDemo\\section9\\text1"
# 打开文件
dirs = os.listdir(path)

# 输出所有文件和文件夹
for file in dirs:
    print (file)
    if os.path.isfile(path+"\\"+file):     # 判断文件是否存在 isfile(path)
        os.remove(path+"\\"+file)
```

在上述实例中，可以先通过listdir函数找到对应路径下的文件和目录，然后通过os.path中的isfile函数来判断是否为文件，最后使用remove函数移除文件，需要注意的是在判断文件和删除文件时所使用的函数，其参数所指向路径需要定位到文件全名，如文件名后缀尤为重要，否则会导致找不到文件或无法删除掉文件。

9.2.3 用with语句打开文件

由于文件读/写时可能会产生IOError异常，一旦出错，后面的f.close()就不会被调用，这样就会消耗内存。所以，为了保证无论是否出错都能正确关闭文件，就可以使用try … finally抛出异常来关闭流，但是每次都这样处理代码会显得很烦琐，那有没有更简单的方式呢？具体实例代码如下所示。

```
with open('demo1.txt', 'r') as f:
    print(f.read())
```

细心的读者可能会发现，调用read()会一次性读取文件的全部内容，如果文件非常大，内存就会爆了。因此，为了保险起见，可以反复调用read(size)，即每次最多读取size个字节的内容。另外，调用readline()可每次读取一行内容；调用readlines()可一次读取所有内容并按行返回list。如何调用这些函数就需要考虑文件的状况而决定了。如果文件小的话，read()一次性读取最方便；如果不能确定文件大小，可多次调用read(size)；如果是配置文件，则调用readlines()最方便。

多次调用read(size)的实例代码如下所示。

```
with open('demo1.txt', 'r') as f:
    char = f.read(10)
    while char:
        print(" 读取中: "+char)
        char = f.read(10)
```

每次读取一行的实例代码如下所示。

```
with open('demo1.txt', 'r') as f:
```

```
while True:
    line = f.readline()
    if not line :
        break
    print(" 读取中: "+line)
```

使用readlines()将文件读取到一个字符串列表中，实例代码如下。

```
with open('demo1.txt', 'r') as f:
    for line in f.readlines():
        print (" 读取中: " + line)
```

思考与练习

1. 如何用Python删除一个文件?

答: 使用Python中已有的os模块，调用os.remove(filename)方法或者os.unlink(filename)方法即可，其中filename为需要删除文件的文件路径。

2. 下述实例中存在什么错误?

```
f = open("test.txt", mode="w")
content = "text"
f.write(content)
```

答: 上述实例中未将流进行关闭，因此只需要在最后加上f.close()并且抛出异常即可，具体实例代码如下所示。

```
f = open("test.txt", "w")
try:
    content = "text"
    f.write (content)
except IOError as e:
    print("{}" .format(e))
finally:
    f.close()
```

3. 如何遍历到目录下的图片文件?

答: 遍历目录同样可以使用os.walk()函数，实例代码如下所示。

```
import os
image_path = 'C:\png'
for x in os.walk(image_path):
    print(x)    #('C:\\png', [], ['hue.png'])
```

常见异常与解析

1. 出现异常错误"OSError: [WinError 123] 文件名、目录名或卷标的语法不正确。: 'E:\\ToDoDemo\\section9\\demo\text'"，如图9-1所示。

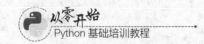

图 9-2　索引越界

异常错误虽已明显报出，但这种问题又很不容易发现，如图9-2所示，路径使用"\t"表示已经转义，而非一般路径了，所以报出上述错误，只需要将其所有路径都改为"\\"即可。此类问题都是由于文件不存在或者文件路径不正确导致的。

2. 出现异常错误"OSError: [WinError 145] 目录不是空的。: 'E:\\ToDoDemo\\section9\\text1'"，如图9-3所示。

图 9-3　目录删除异常

这种异常很容易发现，其问题就是需要删除的目录并不是空的，所以在删除文件的时候需要谨慎，如有此情况请先查看目录是否可以删除。

 本章小结

本章内容让读者对程序的认识从宏观角度转变到对象与对象之间的交互，更客观地展示出程序代码与磁盘文件的操作流程。本章从目录的创建、删除和遍历开始讲述，接着从文件的创建、读/写、删除完整叙述了目录及其文件的操作。虽然内容简单，但操作性较强，可以说程序的执行就是建立在文件操作之上的，因此，读者要对文件的操作多加拓展，才能更加清晰地了解文件操作的流程。

第 **10** 章
进程与线程

本章导读 ▶

　　大家熟知的淘宝"双十一"和春节期间的12306抢票系统，都会出现系统运行过程中"短时间内遇到大量操作请求"的情况而形成的高并发，高并发优化方案之一就是多线程。在一个程序中使用多个线程去完成不同任务，这样就组成了多线程。网络之间的通信也可称为进程间通信，进程又包含一个或多个线程。那么线程和进程分别是如何通过代码实现的呢？下面将进行详细讲解。

知识架构 ▶

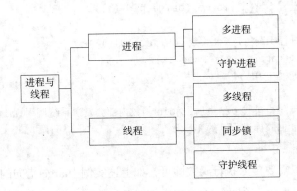

10.1 进程

进程（Process）是程序分配资源的最小单元。一个程序可以有多个进程，但只有一个主进程。进程由程序、数据集、控制器3个部分组成。进程是一个程序在一个数据集上的一次动态执行过程。为方便读者对进程有更好的理解，接下来将通过多进程的守护和进程的实用性知识点来进行说明。

10.1.1 多进程

简单说来，多进程就是将多个单一的进程组合在一起，其进程之间不会影响，因此数据是分开的，共享相对复杂，CPU利用效率相对低下。但是它的编程和调试相对简单，适合多核、多机位分布式系统。在Linux系统中可以通过fork函数调用来完成，虽然在Windows系统中没有这个函数，但是在Python中却提供了multiprocessing多进程模块。multiprocessing模块可以用来开启子进程，并在子进程中执行功能（函数），该模块与多线程模块threading的编程接口类似。multiprocessing模块提供了一个Process类来代表一个进程对象，接下来通过具体实例来启动一个子进程。

```python
import time, os
from multiprocessing import Process
def task_Process():
    time.sleep (2) # 进程睡眠 2s
    print (' 子进程 id={}'.format(os.getpid ()))
if __name__ == '__main__':
    print (' 父进程 id={}'.format (os.getpid ()))
    p = Process (target=task_Process)
    print (' 子进程开始 ')
    p.start ()
    p.join ()    # 等待进程 p 结束后，join 函数内部会发送系统调用 wait，告诉操作系统
                 # 回收掉进程 p 的 id 号
    print (' 子进程结束 ')
```

创建子进程时，只需要传入执行函数即可，如上述实例中target指向的目标函数。获取指向函数地址后，可通过Process创建一个进程实例对象。实例中join()可以等待子进程结束后再继续往下运行，通常用于进程间的同步。multiprocessing模块的功能众多：支持子进程、通信和共享数据、执行不同形式的同步，并且提供了Process、Queue等组件。那么队列与进程之间应如何结合使用呢？IPC又是什么呢？

IPC是进程间通信，指至少两个进程或线程间传送数据或信号的一些技术或方法。因

为多进程彼此之间互相隔离，要进行进程间通信需要使用Python内置模块multiprocessing。multiprocessing模块支持两种形式：队列和管道，这两种方式都使用消息传递。虽然在前面章节已经学习了如何自定义创建队列，但是此处为方便使用，可以通过Queue多进程安全队列来实现多进程之间的数据传递。其队列实现语法格式如下所示。

`Queue ([maxsize]) # maxsize` 是队列中允许最大项数，省略不写则无大小限制

通过上述队列类创建实例后，其中包含的函数有put和get，其作用分别为如下。

（1）queue.put(self, item, block=True, timeout=None)函数

如果队列未满，则向队列中添加数据，其中参数blocked为True（默认值），并且timeout为正值，该方法会阻塞timeout指定的时间，直到队列有剩余的空间。如果超时，则会抛出Queue.Full异常。如果blocked为False，但该Queue已满，则会立即抛出Queue.Full异常。

（2）queue.get(self, block=True, timeout=None)函数

从队列中获取并移除任务。如果blocked为True（默认值），并且timeout为正值，在等待时间内没有取到任何元素，那么会抛出Queue.Empty异常。如果blocked为False，此时有两种情况存在，如果Queue有一个值可用，则立即返回该值；如果队列为空，则立即抛出Queue.Empty异常。

进程结合队列完成进程之间的通信，其具体实例代码如下所示。

```python
import time
from multiprocessing import Process,Manager


# 数据放入队列，并且进程执行
def write(q):
    for i in range (4):
        print ('Put {} to queue...'.format(i))
        q.put(i)
        time.sleep (2)

# 数据拿取队列，进程执行
def read(q):
    for i in range (4):
        print ('Get {} to queue...'.format(i))
        q.get(i)
        time.sleep (2)

if __name__ == '__main__':
    # 父进程创建 Queue，并分别传给下面的两个子进程中
    q = Manager().Queue ()
    pw = Process (target=write, args=(q,))
```

```
    pr = Process (target=read, args=(q,))
    # 启动子进程 pw, 开始写入
    pw.start ()
    # 等待 pw 结束
    pw.join ()
    # 启动子进程 pr, 开始读取
    pr.start ()
    pr.join ()
    print('进程结束 ')
```

上述实例中通过Manager调用队列Queue，将数据依次放入队列中。首先执行写入这个进程，然后等待数据写入队列，接着开始执行读取操作进程，最后进程结束，整个过程完成了数据先存入先取出的效果，同时这也完成了进程之间的通信。

温馨提示

上述实例中 time.sleep() 作用只是让进程休眠几秒，以方便读者在代码运行时查看结果输出。

实例中并未直接使用 multiprocessing 模块中的队列，而是调用 Manager 模块中的队列，主要是为了方便统一管理，避免出现进程池中的资源混乱、进程异常等情况。

10.1.2 守护进程

守护进程是一种生存期较长的进程，它可以一直运行而不阻塞主程序退出。要标识一个守护进程时，可以将Process实例的daemon属性设置为True。守护进程具备这样两个特点：守护进程会在主进程代码执行结束后就终止；守护进程无法再开启子进程，否则会抛出异常。那么如何实例化一个守护进程呢？具体实例代码如下所示。

```
import time
from multiprocessing import Process

def start():
    print(" 子进程开始 .")
    time.sleep(2)
    print(" 子进程结束 .")

if __name__ == '__main__':
    p = Process(target=start)
    p.daemon = True
    p.start()
    print(" 主进程结束 .")
```

守护进程需要注意以下3点。

① 守护进程在主进程结束执行后，便立即终止。

② 使用multiprocessing 模块创建的守护进程无法再在子进程中创建新进程。

③ 守护进程关键词 "daemon" 必须放在子进程启动前。

温馨提示

关于进程更多参数和方法的使用，可以通过 Python 的官方文档了解更多的相关内容。

10.2 线程

线程（Thread）是CPU调度的基本单元，因为一个进程包含一个或多个线程，所以当进程结束后，它拥有的所有线程都将被销毁，但某个线程的结束不会影响同个进程中的其他线程。接下来通过多线程、同步锁、守护线程等实用性程序来说明线程。

10.2.1 多线程

在Python中创建多线程有两个模块，分别为_thread和threading。其中，_thread 提供了低级别的、原始的线程和一个简单的锁，它与 threading 模块相比功能是比较有限的。threading 模块除包含 _thread 模块中的所有方法外，还提供了其他方法，如threading中含有active_count()，返回当前存活的线程对象的数量。接下来将分别介绍两种模块创建多线程的过程。

1．_thread创建

导入模块_thread，通过该模块中start_new_thread函数创建新线程实例对象，具体实例代码如下所示。

```
import _thread
import time

# 定义一个函数行为
def showTime( threadName, delay):
    count = 0
    while count < 3:
        time.sleep(delay)
        count += 1
        print ("{}={}".format( threadName, time.ctime(time.time()) ))
if __name__ == '__main__':
```

```
# 创建两个线程
try:
    _thread.start_new_thread( showTime, ("Thread-1", 2, ) )
    _thread.start_new_thread( showTime, ("Thread-2", 4, ) )
except:
    print (" 启动线程异常 ")
while 1:
    pass
```

上述实例通过创建两个线程，且同时分别调用showTime函数。虽然两个线程同时执行，但是在函数调用的时，它们进行睡眠的时间有所差异，因此控制台结果输出是毫无规律的，读者请勿在这上面花费不必要的时间。

2. threading创建

threading模块创建线程需要继承threading.Thread类，实例化构造方法后，并且重写父类run()方法，最后执行start方法启动线程。

温馨提示

方法中存在"重写"和"重载"两种情况，它们的定义分别如下。

① 重写：继承中的概念，子类的方法覆盖父类的方法，要求方法名和参数都相同。

② 重载：同一个类中相同的两个或两个以上，拥有相同的方法名，但是参数个数不同。需要注意的是 Python 中不能直接实现重载，但是有着类似功能的写法，可以尝试定义一个可变参数列表如"def __init__(self,*args)"，也可以重写"__call__"方法。

threading模块创建线程的具体实例代码如下所示。

```
import threading,time

class MyThread (threading.Thread):
    # 实现父类的构造方法
    def __init__(self, name):
        threading.Thread.__init__ (self)     #重写父类属性
        self.name = name
    #复写
    def run(self):
        print ("running on name:{}".format(self.name))
        time.sleep (1)


if __name__ == '__main__':
    thr = []
    for i in range (10):  # 启动 10 个线程
```

```
        t = MyThread ("text")
        thr.append (t)
        t.start ()
        t.setName ('-demo-{}'.format (i))   # 设置线程名
        print (t.getName ())   # 获取线程名

    for item in thr:
        item.join ()   # 阻断线程等待

    print ('线程结束 ')
```

上述实例中创建了10个线程并对它们设置新的线程名，join方法在此处的作用是等待所有子线程结束后，主线程再执行最后代码。threading继承线程类的实现方式还可以简写，直接通过构造方式进行匿名创建，参数中传递需要调用的函数名和其他参数，具体实例代码如下所示。

```
import threading
import time
def sing(songName):
    print('begin {} '.format(songName))
    time.sleep(2)
    print('stop {} '.format(songName))
def game(gameName):
    print('begin {}'.format(gameName))
    time.sleep(7)    #睡眠 7s
    print('stop {}'.format(gameName))
if __name__ == '__main__':
    threadl = []    #存放线程
    #创建线程
    t1 = threading.Thread(target=sing,args=('four',)) # target 指向函数地址
    t2 = threading.Thread(target=game,args=('Eliminate to le',))
    threadl.append(t1)
    threadl.append(t2)
    #循环列表，依次执行各个子线程
    for x in threadl:
        x.start()
    #阻塞主线程，只有当 t1 该子线程完成后主线程才能往下执行
    t1.join()
    # t2.join() #主线程等待 t2 结束
    print(' 主线程结束，但是游戏还在继续 ')
```

此处实例类似匿名方式，可避免复写run方法和实现父类构造方法。读者可自行取消"t2. join()"注释，并进一步熟悉程序执行过程。

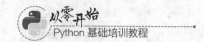

10.2.2 同步锁

多个线程如果同时对同一处数据进行操作，那么每个线程获取的数据可能都是错误的，为了保证数据的正确性，这时需要对多个线程进行同步，解决此类问题可以加锁，而这样达到线程同步目的的锁称为同步锁。使用Thread对象中的Lock函数可以实现简单的线程同步，这个对象中有acquire方法和release方法，对于那些每次只允许一个线程操作的数据，可以将其操作放到 acquire方法和release方法之间。首先看下述实例所示的问题代码。

```
# 进程锁
import threading
import time

def addNum():
    global num
    tmp=num
    time.sleep(0.001)
    num=tmp+10

num=100
if __name__ == '__main__':
    thread=[]
    for i in range(1000):
        t=threading.Thread(target=addNum)
        thread.append(t)
        t.start()
    for x in thread:
        t.join()
    print('num = ',num) # num 值输出不稳定
```

程序每执行一次都会生成1000个线程，但是最后输出的结果基本不同。很明显这是多个线程在极短时间内对同一数据进行抢夺操作造成的。解决方案代码如下所示。

```
# 进程锁
import threading
import time
lock = threading.Lock()
def addNum():
    # 添加锁
    lock.acquire()
    global num
    tmp=num
    time.sleep(0.001)
    num=tmp+10
    # 释放锁
```

[146]

```
        lock.release()

num=100
if __name__ == '__main__':
    thread=[]
    for i in range(1000):
        t=threading.Thread(target=addNum)
        thread.append(t)
        t.start()
    for x in thread:
        t.join()
    print('num = ',num) #num =  10100
```

通过上面的实例可以清楚地知道需要加锁和释放锁的地方，一定是在引起多线程对资源相互争夺的共同数据部分。如上面例子中的num数据被多个线程同时使用，以及进一步的加10操作，都是在前一个线程完成后，再进行下一个线程操作的。

10.2.3 ▶ 守护线程

前面已经学习了守护进程，那么线程是否存在守护线程呢？其作用与守护进程有什么区别呢？对于守护线程，其具有以下特点。

① 当设置守护线程时，主线程会给每个子线程一个timeout执行时间，让它去执行，时间一到，不管任务有没有完成，直接结束。

② 没有设置守护线程时，主线程将会等待timeout的一段"累加和"时间，时间一到，主线程就结束，但是并没有结束子线程，子线程依然可以继续执行，直到子线程全部结束，程序才退出。

先看一种没有守护线程的情况，具体实例代码如下所示。

```
import threading
import time

def start():
    time.sleep(3)
    print(' 当前线程的名字是： ', threading.current_thread().name)
    time.sleep(3)
if __name__ == '__main__':

    start_time = time.time()

    print(' 主线程： ', threading.current_thread().name)
    thread = []
```

```
        for i in range(10):
            t = threading.Thread(target=start)
            thread.append(t)

        for t in thread:
            t.start()

    print('主线程结束! ' , threading.current_thread().name)
    print('耗时: ', time.time()-start_time)
```

不难发现主线程执行完毕后，子线程依旧在执行。那么添加守护线程之后呢？具体实例如下所示。

```
import threading
import time

def start():
    time.sleep(3)
    print('当前线程的名字是:  ', threading.current_thread().name)
    time.sleep(3)
if __name__ == '__main__':

    start_time = time.time()

    print('主线程: ', threading.current_thread().name)
    thread = []
    for i in range(10):
        t = threading.Thread(target=start)
        thread.append(t)

    for t in thread:
        t.setDaemon(True)            #添加守护线程
        t.start()

    print('主线程结束! ' , threading.current_thread().name)
    print('耗时: ', time.time()-start_time)
```

添加守护线程之后，运行程序可以直观看到，一旦主线程结束，那么子线程就不会再执行了。细心的读者可能会疑惑，前面已有的join会不会和守护线程有冲突呢？下面再来看看这个实例。

```
import threading
import time
```

```
def start():
    time.sleep(3)
    print(' 当前线程的名字是：  ', threading.current_thread().name)
    time.sleep(3)
if __name__ == '__main__':

    start_time = time.time()

    print(' 主线程: ', threading.current_thread().name)
    thread = []
    for i in range(10):
        t = threading.Thread(target=start)
        thread.append(t)

    for t in thread:
        t.setDaemon(True)    #添加守护线程
        t.start()
    for t in thread:
        t.join ()
    print(' 主线程结束! ' , threading.current_thread().name)
    print(' 耗时: ', time.time()-start_time)
```

通过运行上述代码可知，主线程在所有子线程运行完成后才会继续执行。默认情况下守护线程设置为False，而守护线程是作用于当前所有子线程的，与join有所不同，所以两者并不冲突。

思考与练习

1. 自定义两个线程，其中一个输出为1~20，另外一个输出为A~Z。输出格式要求：12A 34B 56C 78D…，应该怎么做？

答： 先要创建两个线程，然后需要注意排序。因为线程执行之后先后顺序会出现问题，这时候就需要使用同步锁了，具体实例代码如下所示。

```
import threading
import time


# 获取对方的锁，运行一次后，释放自己的锁
def text1():
    for i in range (1, 20, 2):
        lockText2.acquire ()
        print (i, end='')
```

```
            print (i + 1, end='')
            time.sleep (0.2)
            lockText1.release ()


def text2():
    for i in range (26):
        lockText1.acquire ()
        print (chr (i + ord ('A')))
        time.sleep (0.2)
        lockText2.release ()


lockText1 = threading.Lock ()
lockText2 = threading.Lock ()

show1_thread = threading.Thread (target=text1)
show2_thread = threading.Thread (target=text2)

lockText1.acquire ()    # 因为线程执行顺序是无序的，text1() 先执行

show1_thread.start ()
show2_thread.start ()
```

2. 多进程和多线程概念分别是什么?

答： 多进程指进程和进程之间不共享任何状态，每个进程都有自己独立的内存空间。如果进程之间进行数据通信或切换，操作系统的开销会很大。

多线程指同一个进程下的多线程共享。在该进程的内存空间中，如果线程之间做数据通信和切换，操作系统的开销会很小。

⑦ 常见异常与解析

1. 设置守护进程之后，执行程序时报出"AssertionError: daemonic processes are not allowed to have children"错误，如图10-1所示。

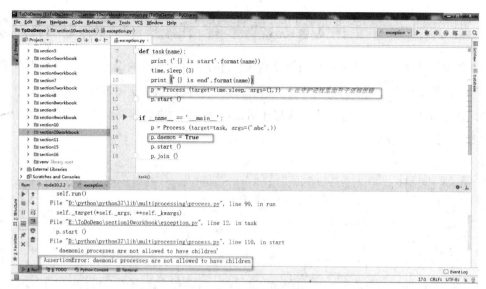

图 10-1　守护进程异常

　　该异常的问题在于通过multiprocessing 模块设置守护进程之后，不能在子进程中再添加进程。因此在使用multiprocessing 模块创建守护进程后，请勿再在该子进程中创建子进程。

2. 获取前子线程的累加结果与期望值不一致，如图10-2所示。

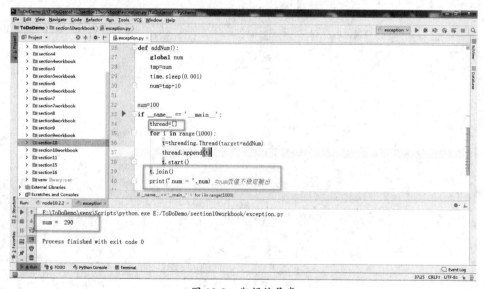

图 10-2　期望值异常

　　该异常的问题是，t.join()没有进行1000个子线程的线程阻断，虽然这是很容易发现的错误，但却经常出现，原因就是常常会忽略写出子线程的循环遍历，因此，只需要将"t.join()"放入for循环遍历中即可。

 本章小结

　　本章内容从多进程和多线程如何创建到守护进程和守护线程的设置，比较全面地阐述了进程与线程的知识点。这些内容的难度系数有点高，因此读者在学习过程中需要多加练习和拓展，通过后续的学习进一步掌握编程思想后，再来回顾这些内容将会有更深的理解，并能够提高程序的执行效率。

第3篇 高级篇

前面章节对 Python 介绍了比较全面的语法知识和框架体系，接下来将介绍从本地通信到网络通信的知识，进一步理解 Python 的扩展。本篇首先讲解网络编程实现本地与网络的连接通道和网络间通信，再讲解数据库对持久化数据的处理，以便达到实现网络间数据共享的目的。接着通过 Web 项目及爬虫项目来加深对 Python 应用领域的认知。在篇尾通过制作微信小程序来拓展对页面布局和渲染的知识，并以数据的采集为切入点来锻炼读者的逻辑思维。

Python网络编程

本章导读 ▶

　　网络编程的实质是socket编程，socket模块针对服务器端和客户端进行"打开"、"读写"和"关闭"等操作。I/O（Input/Output）作为设备的输入/输出，操作系统会对I/O设备进行编址并处理输入/输出信息。下面具体讲解socket和I/O之间的关系。

知识架构 ▶

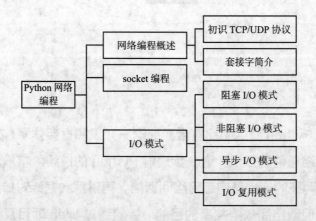

11.1 网络编程概述

　　网络编程同计算机的文件读取操作很类似，通俗地讲，网络编程就是编写程序使两台联网的计算机相互交换数据。socket（套接字）是通信的基础，它通过TCP/UDP协议完成设备之间的信息交互。

11.1.1 初识TCP/UDP协议

　　TCP（Transmission Control Protocol，传输控制协议）和UDP（User Datagram Protocol，用户数据报协议）两种协议是TCP/IP协议的核心，是传输层中最重要的协议。那么TCP/UDP协议是如何进行网络间通信的呢？下面通过两点来说明。

1. TCP/IP协议

　　网络协议是为计算机网络中进行数据交换而建立的规则、标准，或者说是约定的集合。因为不同用户的数据终端可能采取的字符集是不同的，两者要进行通信就必须要在一定的标准上进行。如我们国家地广人多，地域方言也不少，所以使用普通话作为标准，进而方便全国人民互相交流。

　　TCP/IP（Transmission Control Protocol/Internet Protocol，传输控制协议/网际协议）是指能够在多个不同网络间实现信息传输的协议簇。TCP/IP协议不仅仅指的是TCP 和IP这两个协议，而是指一个由FTP、SMTP、TCP、UDP、IP等协议构成的协议簇，只是因为在TCP/IP协议中TCP协议和IP协议最具代表性，所以被称为TCP/IP协议。

2. TCP/UDP协议

　　TCP和UDP传输控制协议在数据传输过程中，其传输方式也有所不同，具体内容如下。

　　（1）TCP协议

　　TCP协议支持IP环境下的数据传输，它提供的服务包括数据流传送、可靠性、有效流控制、全双工操作和多路复用，并面向连接，基于端到端进行可靠地数据包交互。TCP协议提供了完善的错误控制和流量控制，能够确保数据正常传输，它是一个面向连接的协议。TCP将在两个应用程序之间建立一个全双工的通信。

> **温馨提示**
>
> TCP 协议有如下 3 个特点。
>
> - 建立连接通道。
> - 数据大小不限制。
> - 速度慢，但是可靠性高。

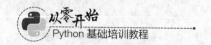

TCP协议三次握手与四次挥手的过程如图11-1所示。

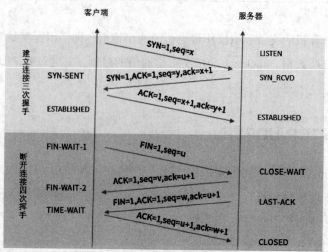

图 11-1　三次握手与四次挥手

从图11-1可以看出TCP协议三次握手的过程如下。

① 第一次握手：TCP服务器进程先创建传输控制块，时刻准备接受客户进程的连接请求，并处于listen监听状态。客户端进行访问时先进入SYN_SENT请求状态，发送SYN=1和seq=x信息到服务端。

② 第二次握手：服务器收到请求后，如果同意连接，则发出确认信息。确认信息为ACK=1,SYN=1，确认号是ack=x+1，同时也要为自己初始化一个序列号 seq=y，此时，TCP服务器进程进入了SYN-RCVD（同步收到）状态。

③ 第三次握手：客户进程收到确认后，还要向服务器给出确认。确认信息为ACK=1,ack=y+1，自己的序列号为seq=x+1，此时TCP连接建立，客户端进入ESTABLISHED（已建立连接）状态。当服务器收到客户端的确认后也进入ESTABLISHED状态，此后双方就可以开始通信了。

从图11-1中可以看出TCP协议四次挥手的过程如下。

① 第一次挥手：客户端发送一个FIN=1和seq=u信息，用来关闭客户端到服务端的数据传送，客户端进入FIN_WAIT_1状态。

② 第二次挥手：服务端收到信息后，发送一个ACK=1,seq=v,ack=u+1信息给客户端，确认序号（与SYN相同，一个FIN占用一个序号），服务端进入CLOSE_WAIT状态。

③ 第三次挥手：服务端发送信息FIN=1,ACK=1,seq=w,ack=u+1用来关闭服务端到客户端的数据传送，服务端进入LAST_ACK状态。

④ 第四次挥手：客户端收到信息后，客户端进入TIME_WAIT状态，接着发送一个

ACK=1,seq=u+1,ack=w+1给服务端，确认序号，服务端进入CLOSED状态，完成四次挥手。

（2）UDP协议

UDP协议是不可靠的、无连接的服务，但是它的传输效率高（发送前时延小），并且尽最大努力服务，无拥塞控制。因此，UDP协议作用域范围要求是效率高、准确性相对较低的场景，如使用UDP的应用有：域名系统（DNS）、视频流、IP语音（VoIP）。

> **温馨提示**
>
> UDP 协议特点具有以下 3 个特点。
>
> - 面向无连接，可靠性较低。
> - 不保证数据的安全性。
> - 传播速度很快。

11.1.2 套接字简介

套接字（socket）起源于 20 世纪 70 年代加利福尼亚大学伯克利分校版本的UNIX，即BSD UNIX。因此，有时人们也把套接字称为"伯克利套接字"或"BSD 套接字"。套接字是一种计算机网络的数据结构，在任何类型的通信开始之前，网络应用程序必须创建套接字。它们就像电话插孔，没有它是无法进行通信的。

套接字主要分为以下两种类型。

（1）面向连接的套接字

这意味着在进行通信之前必须先建立一个连接，如使用电话系统给朋友打电话。这种类型的通信也称为虚拟电路或流套接字。面向连接的通信可提供序列化的、可靠的、不重复的数据交付，且没有记录边界。这意味着每条消息可以拆分成多个片段，并且每一条消息片段都能确保到达目的地，然后将它们按顺序组合在一起，最后将完整的消息传递给正在等待的应用程序。实现这种连接类型的主要协议是TCP。

（2）无连接的套接字

与虚拟电路形成鲜明对比，它是数据报类型的套接字，这意味着在通信开始之前并不需要建立连接。这类套接字在数据传输过程中并不能保证数据的顺序性、可靠性或重复性。然而，数据报确实保存了记录边界，这就意味着消息是以整体发送的，而不是像面向连接的协议那样分成多个片段。使用数据报的消息传输可以比作邮政服务，信件和包裹并不能以发送顺序到达。甚至可能不会到达。为使消息能够成功到达，将其添加到并发通信中，但在网络中还可能会有重复的消息。实现这种连接类型的主要协议是UDP。

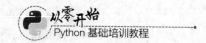
11.2 socket编程

网络中各种各样的服务大多都是基于socket来完成通信的，如各种聊天软件。那么如何基于TCP协议进行socket编程，以及在编程过程中又有哪些配置参数需要注意呢？

基于TCP协议的socekt通信可分为客户端和服务器，它们之间的数据交互实现了网络间的通信。socket工作原理如图11-2所示。

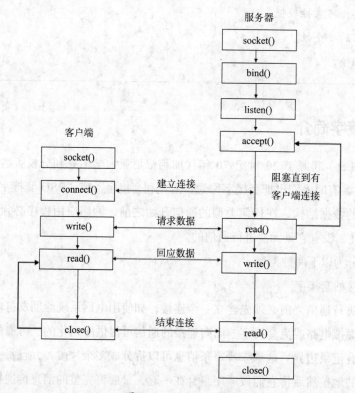

图 11-2　socket工作原理

TCP协议属于互联网连接协议集的一种，在此处需要客户端与服务端建立连接关系，所以必须先启动服务端，然后再启动客户端去访问服务端，具体实例代码如下所示。

```python
# encoding:utf-8
import socket
# 1. 创建套接字，默认是 TCP
server = socket.socket()
# 解决端口一直被占用的情况
server .setsockopt(socket.SOL_SOCKET, socket.SO_REUSEADDR, 1)
# 2. 绑定地址
server.bind(("127.0.0.1", 8001))
```

```
# 3. 设置监听
server.listen()
# 4. 等待连接
conn, addr = server.accept()
# 5. 连接成功，接收数据
ret = conn.recv(4096)
print(ret) # 打印信息
# 6. 发送数据
conn.send(b'Receive Successful!')
# 7 关闭套接字连接
conn.close()  # 关闭和客户端之间连接的套接字
server.close() # 关闭服务器套接字
```

访问客户端，其实例代码如下所示。

```
# encoding:utf-8
import socket
# 创建套接字
client = socket.socket()
# 建立连接
client.connect(("127.0.0.1", 8001))
# 发送数据
client.send(b' this is zhao')
# 接收响应数据
ret = client.recv(4096)
print(ret)
# 关闭连接
client.close()
```

通过实例实现了服务器和客户端之间的数据交互。读者还可以进一步测试，如在同一局域网中，使用不同终端进行访问，但是需要注意客户端的IP地址"127.0.0.1"要修改为服务器的IP地址。

11.3 I/O模式

Linux拥有较高的安全性和稳定性，因此很多软件项目常放在Linux服务器上。服务器端编程就需要构造高性能的I/O模式，这些常用I/O模式有阻塞I/O（blocking I/O）、非阻塞I/O（non-blocking I/O）、异步I/O（asynchronous I/O）、I/O复用（I/O Multiplexing）几种。接下来将对这些I/O模式进行详细介绍。

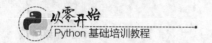

11.3.1 阻塞I/O模式

要进一步理解I/O模式可以从其发生时涉及的对象和步骤入手。对于网络通信中的I/O，这里以读操作（read）为例，它会涉及两个系统对象：一个是调用这个I/O的进程或线程；另一个就是系统内核（kernel）。当一个read操作发生时，它会经历以下两个阶段。

① 等待数据准备，即内核等待数据可读。

② 将数据从内核复制到进程中，即将内核读到的数据复制到进程中。

由于上述两个阶段发生的过程有所不同，从而出现了多种I/O模式。

阻塞I/O模式是指用户进程在系统内核进行I/O操作时被阻塞，其具体流程如图11-3所示。

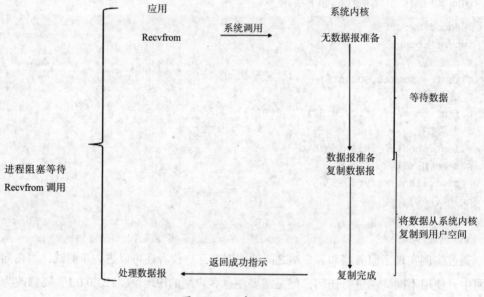

图 11-3　阻塞I/O流程

从图中可知，当用户进程调用了Recvfrom这个系统，系统内核就开始了I/O的第一个阶段：准备数据。对I/O来说，很多时候数据在一开始还没有到达（如还没有收到一个完整的UDP数据包），这个时候系统内核就要等待足够的数据到来。而在用户进程这边，整个进程就会被阻塞，等系统内核把数据准备好了，它才会将数据从系统内核中复制到用户内存（用户空间）中，然后系统内核返回结果，用户进程解除锁定的状态，重新运行起来并处理数据报。

▍温馨提示

因为系统的支持性，I/O 模式的讲解均在 Linux 工作环境中实现。更多关于 I/O 模式和 I/O 设备的了解读者可自行查阅。

11.3.2 ▶ 非阻塞I/O模式

由于默认创建socket都是阻塞的，非阻塞I/O要求socket被设置为non-blocking，因此，程序中锁定需要设置为False。非阻塞模式是相对于阻塞模式而言的，两者的方式截然相反。非阻塞I/O模式执行流程如图11-4所示。

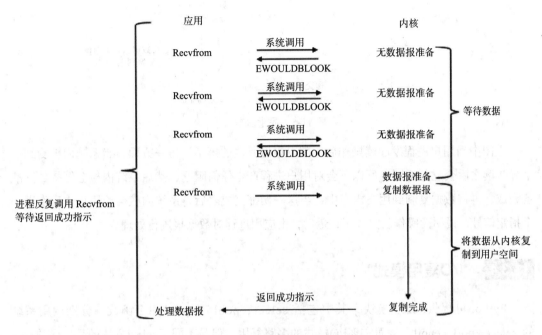

图 11-4　非阻塞I/O模式执行流程

图11-4中当用户进程对一个非阻塞socket执行读操作时，如果系统内核中的数据还没有准备好，那么它并不会阻塞用户进程，而是立刻返回一个EWOULDBLOCK错误。用户进程发起一个读操作后，并不需要等待，而是马上就会得到一个结果；当用户进程判断结果是一个错误时就知道数据还没有准备好，于是可以再次发送读操作。一旦系统内核中的数据准备好了，并且又再次收到用户进程的"系统调用"时，就会马上将数据复制到用户内存，然后成功返回，最后由应用进程对数据报进行处理。

11.3.3 ▶ 异步I/O模式

对于常用的4种I/O模式，除异步I/O模式外，其他3种模式皆为同步。在异步I/O模式中，当用户进程收到通知时，数据已经被系统内核读取完毕，并放在用户进程指定的缓冲区内，系统内核在I/O模式完成后通知用户进程直接使用，这就是异步I/O模式，其具体流程如图11-5所示。

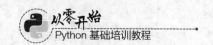

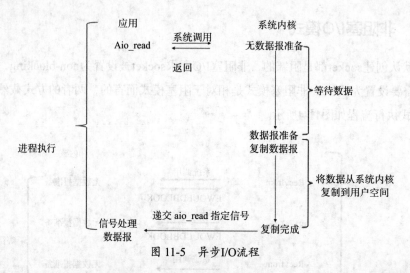

图 11-5 异步I/O流程

上图中当用户进程发起读操作后，就可以做其他的事了。另一方面，当系统内核受到一个异步读之后会立刻返回，所以不会对用户进程产生任何阻塞，然后系统内核会等待数据准备完成，再将数据复制到用户内存中，当这一切都完成之后，系统内核会给用户进程发送一个指定信号，说明读操作已完成了，最后，由应用进程对数据报进行处理。

11.3.4 I/O复用模式

Python可提供Select模块，其中包括 select、pool、epoll这3个函数，分别调用系统的 select、poll、epoll，从而实现I/O模式的多路复用，但是不同于select方法的是，函数pool和epoll支持Linux系统，不支持Windows。select函数和epoll函数的好处在于单个进程就可以同时处理多个网络连接的I/O模式，其基本原理就是select函数和epoll函数会不断地轮询所负责的所有socket模块，当某个socket模块有数据到达就通知用户进程，这就是I/O复用模式。I/O复用模式流程如图11-6所示。

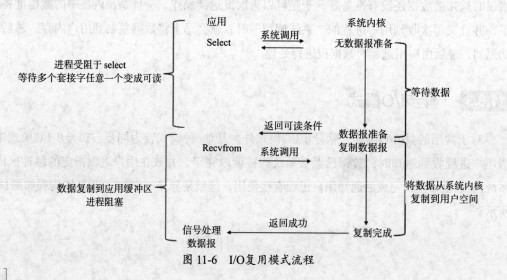

图 11-6 I/O复用模式流程

在图11-6中，当用户进程调用了Select模块整个进程就会被锁定，同时系统内核会监听所有Select模块负责的socket，当任何一个socket中的数据准备好了，Select模块就会返回。这个时候用户进程会再调用read操作，将数据从系统内核复制到用户进程中，并返回成功指令信号，最终由应用对数据包进行处理。

温馨提示

I/O 模式常用于并发编程，读者需要重点理解各种模式的特点及之间的差异，这对以后解决高效率处理数据问题会有很大帮助。

 常见异常与解析

**在使用socket启动服务器后，启动客户端执行程序就报出"ConnectionRefusedError:
[WinError 10061] 由于目标计算机积极拒绝，无法连接"的提示，如图11-7所示。**

图 11-7　拒绝连接

抛出该异常的可能性有很多，如服务器未启动、客户端端口不一致等众多原因。此处异常只需将客户端的端口号修改为同服务器一致的"8001"端口即可。总体来说这类异常一定是出在连接上，所以读者再遇见此类问题可以使用排除法，先测试客户端与其他正常服务器是否能正常连接，再追踪判断自定义服务器的问题出现在哪里。

Python 基础培训教程

本章小结

本章内容介绍了网络编程的概念、实现网络通信的底层socket编程，以及通过结构化方式概述I/O模式。看似理论较多，实用性不强，其实不然，如物联网中物品与网络只有建立连接，之后才能够进行数据的交互和物品移动。对于这种短时、高频率的数据处理情况就要使用I/O模式进行处理。

第12章

Python数据库

本章导读 ▶

　　网页中会经常要求用户登录某个账号，如淘宝、京东等，如此多的用户相关信息是怎么保存的呢？数据库又和这些有什么关系呢？本章将从数据库安装、可视化界面、sql语句几方面来进行逐一说明，同时还引入了非关系型数据库作为延伸。

知识架构 ▶

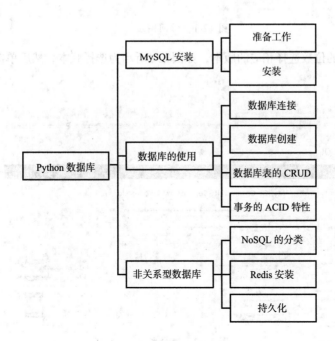

12.1 MySQL安装

数据库的种类有很多，如MySQL、Oracle、SQLite等，它们都是以关系型数据库和非关系型数据库进行分类的，接下来将以最常用的数据库MySQL为例进行安装和使用。

12.1.1 准备工作

从官网中下载MySQL，如图12-1所示访问官方网页进行下载。在界面的左下角单击【No thanks, just start my download.】超链接进行下载即可。读者需要注意此处下载的是最新的64位版本，请读者选择适合自己计算机系统位数的版本进行下载。

图 12-1　访问网址

可以根据电脑的位数选择相应的版本，如图12-2所示为选择版本，然后单击【Download】按钮下载即可。

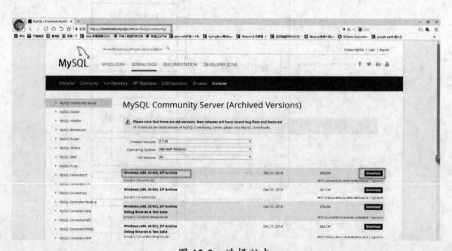

图 12-2　选择版本

12.1.2 安装

大多数开发者在安装数据库时都会遇到一些错误，下面的安装步骤是笔者在多种系统中进行多次测试过的，也是普遍公认出错率极低的安装方式。读者可根据以下方式进行安装，步骤如下。

步骤01： 对下载的安装文件进行解压缩，具体如图12-3所示。

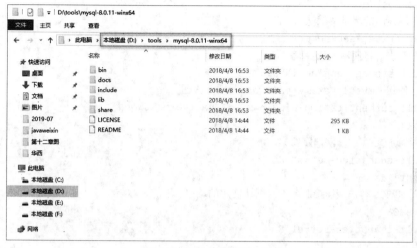

图 12-3　解压下载的文件

步骤02： 配置MySQL环境变量。变量值中添加的路径为读者自己解压后文件所在的路径，如图12-4所示。

图 12-4　配置环境变量

步骤03： 配置初始化my.ini文件，该文件内容如下所示。

```
[mysqld]
# 设置 3306 端口
```

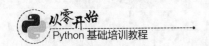

```
port=3306
# 设置 MySQL 的安装目录
basedir=D:\\tools\\mysql-8.0.11-winx64      # 建议使用双斜杠 \\
# 设置 MySQL 数据库数据的存放目录
datadir=D:\\tools\\mysql-8.0.11-winx64\\Data
# 允许最大连接数
max_connections=200
# 允许连接失败的次数。防止有人试图从该主机攻击数据库系统
max_connect_errors=10
# 服务端使用的字符集默认为 UTF8
character-set-server=utf8
# 创建新表时将使用默认存储引擎
default-storage-engine=INNODB
# 默认使用 "mysql_native_password" 插件认证
default_authentication_plugin=mysql_native_password
[mysql]
# 设置 MySQL 客户端默认字符集
default-character-set=utf8
[client]
# 设置 MySQL 客户端连接服务端时默认使用的端口
port=3306
default-character-set=utf8
```

初始化后MySQL的结构目录如图12-5所示。

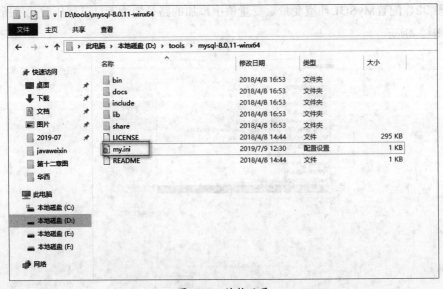

图 12-5　结构目录

步骤04:　进入bin目录，然后在输入栏中输入 "cmd" 命令，如图12-6所示。

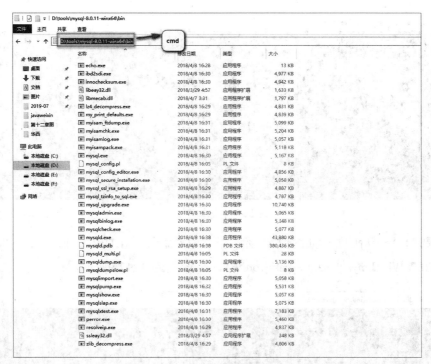

图 12-6　进入控制台

步骤05： 进入控制台后，输入"mysqld --initialize --console"命令，将会输出root用户的初始默认密码，如下所示。

```
2020-04-28T15:57:17.087519Z 0 [System] [MY-013169] [Server] C:\Program Files\
MySQL\bin\mysqld.exe (mysqld 8.0.11) initializing of server in progress as
process 4984
2020-04-28T15:57:24.859249Z 5 [Note] [MY-010454] [Server] A temporary password
    is generated for root@localhost: rd1xvf2x5G,A
2020-04-28T15:57:27.106660Z 0 [System] [MY-013170] [Server] C:\Program Files\
MySQL\bin\mysqld.exe (mysqld 8.0.11) initializing of server has completed
```

上述输出结果中包含有初始密码，如"rd1xvf2x5G,A"。在进行变更密码前需要记住，后续登录MySQL时会使用到。

▌温馨提示

如果忘记初始密码，只需要删除 datadir 目录，然后重新进行初始化即可。

步骤06： 实例化MySQL服务。继续在bin目录下的cmd窗口中输入命令"mysqld - install"，实例化过后，便可以启动MySQL服务，使用命令"net start mysql"即可启动服务。到此MySQL的安装基本完成。

步骤07： 修改初始密码。因为在环境变量中已经配置好MySQL，所以可直接在cmd窗口中输入"mysql -u root -p"命令，如图12-7所示，然后输入初始密码进行登录。

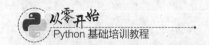

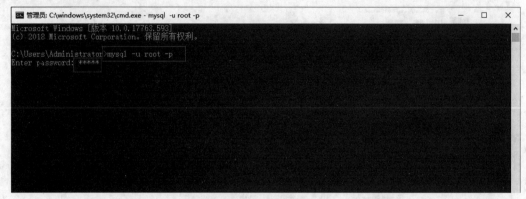

图 12-7　登录数据库

步骤08： 登录后的界面如图12-8所示，然后输入命令 "ALTER USER 'root'@'localhost' IDENTIFIED WITH mysql_native_password BY 'admin';"，如图12-9所示。

图 12-8　登录成功

图 12-9　密码修改成功

到此MySQL安装已经完成，读者可以通过输入 "exit" 命令退出MySQL控制台，并尝试使用新密码进行登录。

温馨提示

在密码修改时，其中有的命令中使用"admin"，这是笔者自定义的密码，读者可根据
自己的喜好来设置密码。

12.2 数据库的使用

读者大多都习惯使用Windows系统，很少有人去记命令行，那么数据库安装之后该如
何操作呢？带着这些疑问，下面开始学习数据库的使用。

12.2.1 数据库连接

访问数据库需要通过控制台命令行进行输入，对于长期使用界面化操作的读者来说是很
费力的，因此学会通过可视化界面来访问数据库是非常重要的。在可视化界面工具中有一款
名为"Navicat Premium 12"的工具，其安装方式是一键式安装，读者可以自行下载安装完
成。下面通过该可视化界面工具来进行数据库的连接，其步骤如下。

步骤01： 打开可视化工具，选择【连接】选项卡，在弹出的下拉菜单中选择【MySQL】
选项，便会弹出连接数据库配置的窗口，如图12-10所示。

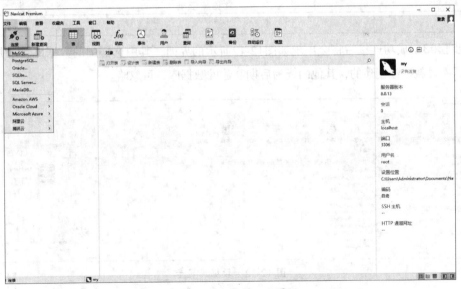

图 12-10　可视化工具界面

步骤02： 在弹出的窗口中配置参数，如图12-11所示，单击【测试连接】按钮，便会提示
连接成功。若连接失败可能是用户名或密码错误造成的。

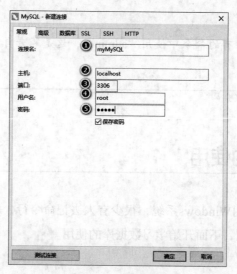

图 12-11　配置连接

可视化工具新建连接配置参数具体如表 12-1 所示。

表 12-1　配置详情

序号	说明
①连接名	用户可以自定义
②IP 地址或者域名	MySQL 数据库主机所在的 IP 地址或者域名
③MySQL 端口号	默认指定为 3306
④用户名	数据库的用户名
⑤密码	数据库密码

步骤03: 成功连接后将会出现如图12-12所示的界面,其中选框中的数据库目录是在安装数据库时就已经创建的,其他的皆为后期新建的数据库,可忽略。

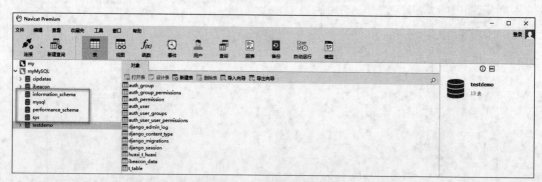

图 12-12　数据库显示

到此数据库的可视化连接已经完成,接下来就可以对其进行操作了。

12.2.2 数据库创建

网页操作包括数据的增加、删除、修改、查询，这些操作都和数据库表的CRUD有关。数据库表的CRUD分别指表创建、表查询、表修改、表删除。在学习表的CRUD之前需要的准备工作就是创建数据库，那么如何快捷高效地创建数据库呢？下面介绍两种创建数据库的方式。

（1）使用sql语句创建数据库

使用sql语句创建造数据库的具体步骤如下所示。

步骤01： 先进行数据库登录，然后再输入sql语句 "create database 'demo' DEFAULT CHARACTER SET utf8mb4 COLLATE utf8mb4_general_ci;"，通过上述命名便可以创建一个名为demo的数据库，其字符格式为utf8mb4，如图12-13所示。

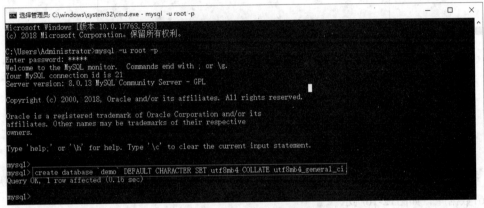

图 12-13　创建数据库

步骤02： 输入命名 "show databases;"，该命令可以将刚创建的数据库 "demo" 显示出来。退出数据库可以使用 "exit" 命令或者按【Ctrl+C】快捷键，如图12-14所示，。

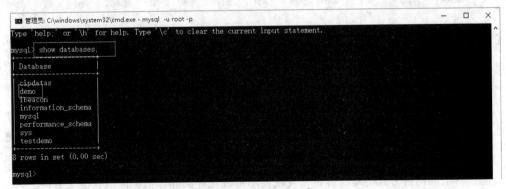

图 12-14　显示数据库

（2）使用Navicat Premium 12 工具创建数据库

使用Navicat Premium 12 工具创建数据库的具体步骤如下所示。

步骤01： 在连接名处右击弹出选项栏，选择【新建数据库】选项。

步骤02： 弹出【新建数据库】对话框，按图12-15所示配置新建数据库格式，其中排序规则涉及的utf8相关参数有utf8_general_ci、utf8_general_cs和utf8_bin这3种，其中ci指大小写不敏感，cs指区分大小写，bin指以二进制数据存储，且区分大小写。如果要求数据库不区分大小写，则需要选择以ci结尾的参数。

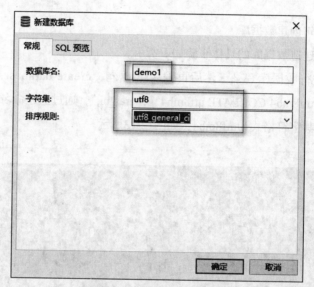

图 12-15　配置数据库参数

步骤03： 选择【utf8_general_ci】选项不区分大小写，单击【确定】按钮，成功新建demo1数据库，如图12-16所示。

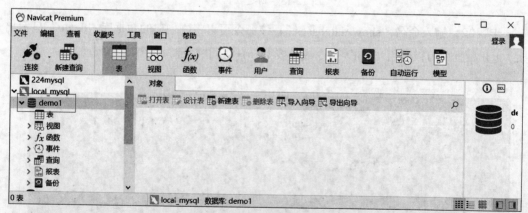

图 12-16　新建数据库

通过对上面两种方式的对比分析，发现使用可视化界面操作数据库既快捷又方便。

12.2.3 数据库表的CRUD

数据库的创建已经完成，接下来便是对数据库中的表进行操作，对表的操作是整个后台程序的核心操作，那么表的CRUD操作又是怎样的呢？

1．表创建

同样使用可视化界面来创建表，其创建步骤如下。

步骤01：选择【新建表】选项，如图12-17所示。

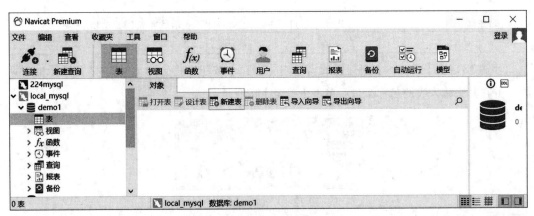

图 12-17　新建表

步骤02：弹出列表界面，在其中输入字段名称、列类型、长度等信息，如图12-18所示。

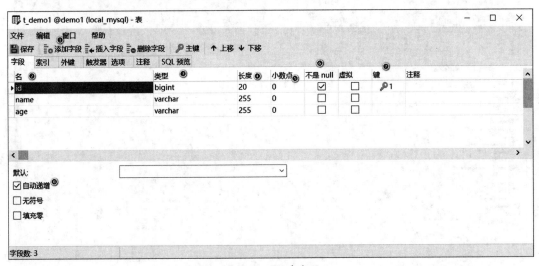

图 12-18　创建字段

▌温馨提示▌

图 12-18 中创建表各字段和功能具体如表 12-2 所示。

表 12-2　创建表各字段和功能

序号	说明
①添加字段	当一行列表名创建完成后，单击新建一列，或者按【↓】键同样可以快速创建
②字段名	用户自定义
③类型	给字段定义类型，类似 Python 中的基本类型
④长度	表示该列对应的最大字段长度
⑤小数点	表中每一列对应几位小数点，如是 2 则保留两位小数
⑥不是 null	选中表示该列字段不能为空
⑦主键	键 "PRIMARY KEY" 也称 "主键约束"，其作用是唯一标识该表中每一行
⑧自动递增	属性 "AUTO_INCREMENT" 表示该列数据自动增加

步骤03：按【Ctrl+S】快捷键或者单击【保存】按钮，将会弹出如图12-19所示的对话框，并在其中输入表的名称，最后单击【确定】按钮。

图 12-19　输入表名

至此数据库表的创建已经完成，可通过双击左上角的表名进行查看，如图12-20所示。

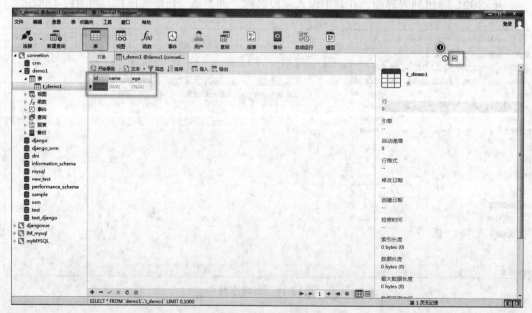

图12-20　查看表

温馨提示

该表的创建并没有进行对索引及外键等其他功能的创建，只是创建了简易表以方便读者的学习。

SQL 语言一共分为 4 大类：数据定义语言（DDL）、数据操纵语言（DML）、数据查询语言（DQL）、数据控制语言（DCL）。

图 12-20 中①便是 DDL 语句，其语句作用如下。

●数据定义语言（Data Definition Language，DDL）：创建数据库、删除数据库、切换数据库、创建表、删除表等。

●数据操纵语言（Data Manipulation Language，DML）：插入、更新、删除等。

●数据查询语言（Data Query Language，DQL）：查询等。

●数据控制语言（Data Control Language，DCL）：权限、事务等。

除使用上述步骤进行创建表操作外，还可以通过sql语句进行创建，在这里就不一一说明了，其实现同样可以通过单击图12-20中右侧【DDL】按钮进行查看，将会出现DDL表创建的定义语句，如图12-21所示。

图 12-21　DDL语句

2. 表修改

在进行表查询之前，先要进行数据的添加和修改。因为在实际工作中对于数据的添加和修改多以sql语句执行为主，所以对于可视化界面的数据添加和修改就不过多说明了，如图12-22所示。

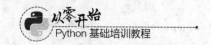

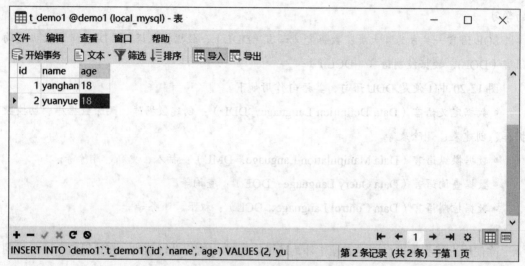

图 12-22　添加和修改

　　打开表后在每个列名对应的白色框中输入值即可进行添加操作，对于修改操作，同样地直接在其选项框中修改即可。左下角中左侧【＋】用于添加行（也可以按【↓】键），【－】用于删除行，【√】用于保存或更新数据。

　　下面使用sql语句进行数据添加和修改的操作，具体步骤如下。

　　步骤01： 选择【查询】选项弹出如图12-23所示的界面，接着选择【新建查询】选项。

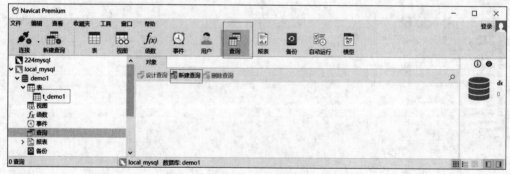

图 12-23　新建查询

　　步骤02： 弹出如图12-24所示的界面，并在其中输入插入语句。单击【运行已选择的】按钮或者拖曳需要执行的插入语句，然后右击【运行已选择的】按钮，如果出现"Affected rows: 1"信息，表示已经成功执行了数据的添加。

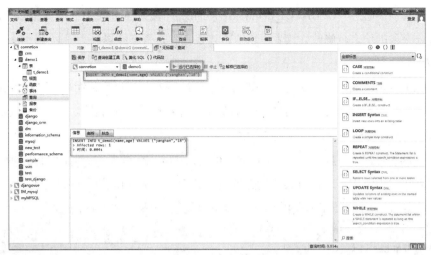

图 12-24　添加数据

　　当数据插入成功后还可以保存该sql语句，只需要按【Ctrl+S】快捷键并在弹出的输入框中输入自定义查询名称即可。那么插入sql语句的语法又是怎样的呢？其语法格式如下。

```
INSERT INTO table_name (column1, column2,...)
VALUES (value1, value2,....) # table_name 为表名 ,column1 为列名 ,value1 为要添加的值
```

　　在MySQL中sql语句对大小写不敏感，语法也可以不用考虑大小写带来的异常问题，在进行输入sql语句时会自动提示使用【Tab】键即可补全语句。

　　数据已经添加成功了，又该如何进行数据修改呢？其语法格式如下。

```
UPDATE table_name            #table_name 为表名
SET column_name = new_value    #column_name 为需要被修改列名, new_value 为修改的值
WHERE column_name = some_value
                    #column_name 为限定条件的列, some_value 为限定条件的值
```

　　对于上述语句也许很多读者会有疑惑，为什么还要有where这个条件呢？因为要对列中的值进行修改，需要知道修改哪一个，如id=1的数据，如图12-25所示。

图 12-25　修改数据

以零开始
Python基础培训教程

如上述实例中通过"UPDATE t_demo1 SET name = "圆月" where id = 1"将原来的id为1的那行中name字段的值进行修改,读者可以双击该表查看是否已经修改。

3. 表查询

网页中用户登录输入相关信息后是如何进入网站呢?其实过程很简单,当用户输入用户信息后,后台服务器通过将用户信息与数据库查询出来的信息进行比较,如果一致则会登录成功。由此可知数据库的查询是很重要的也是常用的,其语法格式如下。

```
SELECT column_names FROM table_name # column_names 为需要查询的列名 ,table_name 为表名
```

查询语句的用法很多,比其他语句也要复杂,有时一条sql语句也可以写到几十行之多,接下来进行实例分析。首先准备两个表,读者可以通过如下sql语句执行创建。

```
# 电影
CREATE TABLE film
(
 fid INT PRIMARY KEY AUTO_INCREMENT,
 fname VARCHAR(20),
 director VARCHAR(20),    # 导演
 showtime DATE,    # 上映日期
 cid INT
);
# 观众
CREATE TABLE orders
(
 eid INT,# 用户第一位编号
 uid INT,# 用户第二位编号
 fid INT,
 num INT,
 odate DATE
);
INSERT INTO film VALUES(NULL, ' 白蛇缘起 ',' 黄家康 ','2019-01-11',1);
INSERT INTO film VALUES(NULL, ' 密室逃生 ',' 亚当·罗比特尔 ','2019-01-18',2);
INSERT INTO film VALUES(NULL, ' 大黄蜂 ',' 塔拉维斯·奈特 ','2019-01-04',3);
INSERT INTO film VALUES(NULL, ' 八佰 ',' 管虎 ','2020-08-21',1);
INSERT INTO film VALUES(NULL, ' 言叶之庭 ',' 新海诚 ','2013-05-31',8);
INSERT INTO film VALUES(NULL, ' 你的名字 ',' 新海诚 ','2016-12-02',7);
INSERT INTO film VALUES(NULL, ' 海市蜃楼 ',' 奥里奥尔·保罗 ','2019-03-28',7);
INSERT INTO film VALUES(NULL, ' 神探夏洛克:可恶的新娘 ',' 道格拉斯·麦金农 ',
'2016-01-04',1);
INSERT INTO film VALUES(NULL, ' 复仇者联盟 3: 无限战争 ( 下 )',' 乔·卢素 ',
'2019-05-03',2);
INSERT INTO orders VALUES(1,2,10,1,'2019-01-11');
INSERT INTO orders VALUES(2,3,8,2,'2019-01-18');
INSERT INTO orders VALUES(3,7,10,1,'2019-01-04');
INSERT INTO orders VALUES(1,1,7,1,'2019-10-15');
```

```
INSERT INTO orders VALUES(1,8,3,1,'2016-01-04');
INSERT INTO orders VALUES(1,7,1,1,'2019-05-03');
INSERT INTO orders VALUES(4,1,1,1,'2019-05-03');
INSERT INTO orders VALUES(4,2,1,1,'2019-01-18');
INSERT INTO orders VALUES(4,3,1,1,'2013-05-31');
INSERT INTO orders VALUES(3,5,10,1,'2016-01-04');
INSERT INTO orders VALUES(2,1,1,1,'2013-05-31');
INSERT INTO orders VALUES(2,1,1,2,'2019-05-03');
INSERT INTO orders VALUES(2,1,1,3,'2016-01-04');
INSERT INTO orders VALUES(2,1,9,5,'2013-05-31');
INSERT INTO orders VALUES(2,1,8,3,'2013-05-31');
INSERT INTO orders VALUES(2,2,5,1,'2019-03-28');
INSERT INTO orders VALUES(2,2,6,1,'2013-05-31');
INSERT INTO orders VALUES(2,2,1,1,'2016-01-04');
INSERT INTO orders VALUES(2,6,3,1,'2016-01-04');
INSERT INTO orders VALUES(2,6,8,2,'2013-05-31');
```

上述实例已经创建好表，那么现在要求实现两个实例。

① 查询多次来这家电影院看电影的人员编号，实例代码如下所示。

```
SELECT eid,uid,COUNT(*) FROM orders GROUP BY eid,uid HAVING COUNT(*) > 1;
```

上述实例中通过GROUP BY将查询到的用户编号进行分组，相同的为一组，再通过统计函数COUNT对重复出现的次数进行统计，最后的HAVING便是在分组后进行条件判断，只返回重复出现大于1的结果。

② 查询上映日期比《言叶之庭》晚的电影，实例代码如下。

```
SELECT * FROM film WHERE showtime >
(SELECT showtime FROM film WHERE fname = '言叶之庭')
```

上述实例中，通过子查询将查询的结果作为第一个select的限制条件，从而将时间大于"言叶之庭"电影上映时间的结果返回。

对于初学者而言，看到这两个实例之后可能会感觉有点难以理解，这是正常的。在此展示的目的是希望读者不要仅限于一般select条件查询语法，尽量拓展学习更多的相关知识。

4．表删除

表删除在sql语句中是最简单，只需要记住语法结构就可以了，但是读者使用时需要慎重，以防删除重要的表，语法结构如下。

```
DROP TABLE table_name; #table_name 为表名
```

delete既可删除表中数据，也可以清空表中所有数据，它只需要在前者的基础上不带后续where条件即可。表中数据删除语法格式如下。

```
DELETE FROM table_name              # table_name 为表名，单独运行此行语句表示清空表
WHERE column_name = some_value
                    # column_name 为限定需要删除的列，some_value 为该列中对应的值
```

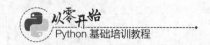

类似的情况还有对表中数据的删除，前文已讲过其属于DDL，TRUNCATE 与DELETE之间的差别在于前者是先删除表然后再创建表，从而实现清空表的效果。因此，如再添加数据，则会从第一条开始添加，其语法结构如下。

```
TRUNCATE TABLE table_name        # table_name 为表名
```

12.2.4 事务的ACID特性

在安装MySQL时，配置my.ini文件中有这样一句代码 "default-storage-engine=INNODB"，其作用是，在创建新表时默认使用的是存储引擎，在MySQL中只有使用INNODB数据库引擎的数据库或表时才支持事务。事务（transaction）是指访问并可能操作各种数据项的一个数据库操作序列，这些操作应全部执行，或全部不执行，它是一个不可分割的工作单位。

ACID是指数据库管理系统（DBMS）在写入或更新资料的过程中，为保证事务是正确可靠的，数据库事务必须具备以下4个特性。

• 原子性（atomic）：事务必须是原子工作单元，对其数据进行修改时，应全都执行，或全都不执行。

• 一致性（consistent）：事务在完成时，必须使所有的数据都保持一致状态。

• 隔离性（insulation）：由并发事务所进行的修改必须与其他任何并发事务所做的修改隔离。

• 持久性（Duration）：事务完成之后，它对于系统的影响是永久性的。

12.3 非关系型数据库

采用关系模型来组织数据的数据库，其以行和列的形式存储数据，这就是关系型数据库。通过对MySQL的学习已经了解了关系型数据库，那么非关系型数据库（NoSQL）又有哪些，其作用又是如何的？

12.3.1 NoSQL的分类

NoSQL也称Not Only SQL，即"不仅仅是SQL"，它泛指非关系型的数据库。随着互联网Web 2.0网站的兴起，传统的关系数据库在应对超大规模和高并发的交互类型Web 2.0纯动态网站已经显得力不从心，暴露出很多难以克服的问题，而非关系型的数据库则由于其本身具有灵活的数据模型、易扩展性、高效率查询、低成本等特点得到了迅速发展。

NoSQL根据存储格式分为四大类，具体如表12-3所示。

表 12-3 NoSQL 的四大分类

分类	实例	应用场景	优点	缺点
键值 （key-value）	Redis	股票价格系统分析、实时数据收集	不支持第二索引，在可以控制数据库大小情况下（放得下整个内存），快速改变数据和查询数据	数据无结构化，通常只被当作字符串或者二进制数据
列存储数据库	Cassandra	银行 Banking、金融系统、写必须快于读的场合、实时的数据分析	查找速度快，可扩展性强，更容易进行分布式扩展	相对于写操作而言，读操作性能较差
文档型数据库	MongoDb	广泛应用于各种大型商业网站和专业网站	文档结构的存储方式，能够便捷地获取数据	占用空间过大，无法进行关联表查询，不适用于关系多的数据
图形数据库	Neo4J	社交网络、推荐系统等，专注于构建关系图谱	如最短路径寻址、N度关系查找等	需要对整个图进行计算才能得出需要的信息

12.3.2 Redis安装

通过学习可以知道NoSQL中Redis的优点，因可高性能读/写数据，使其获得广泛应用，下面将以Redis非关系型数据库作为媒介进行学习。首先进行安装，其步骤如下。

步骤01： 通过访问https://github.com/microsoftarchive/redis/releases/tag/win-3.2.100进行下载。

选择【Redis-x64-3.2.100.zip】超链接，进行下载，如图12-26所示。

图 12-26　下载Redis

步骤02： 下载完成后进行解压，如图12-27所示。

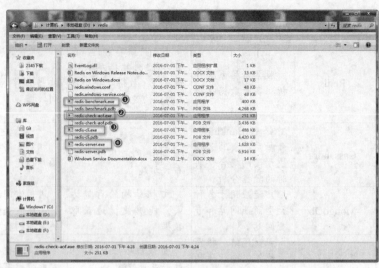

图 12-27　解压Redis包

温馨提示

图 12-27 中 Redis 各组成文件的具体用途如表 12-4 所示。

表 12-4　Redis 配置的应用

组成文件	说明
① redis-benchmark.exe	性能测试
② redis-check-aof.exe	更新日志检查
③ redis-cli.exe	客户端
④ redis-server.exe	服务端

步骤03： 在解压后的路径中输入"cmd"命令，打开控制台并输入"redis-server.exe redis.windows.conf"命令，其默认端口为6379，说明Redis已经启动成功，如图12-28所示。

图 12-28　启动服务端

步骤04： 启动服务后不要关闭，同上一步一样在该路径下面输入"cmd"命令。并打开控制台，如图12-29所示。

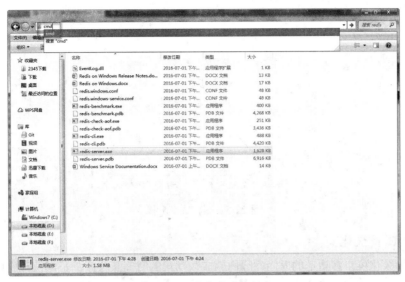

图 12-29　再次启动控制台

步骤05： 启动控制台后，输入 "redis-cli.exe -h 127.0.0.1 -p 6379" 命令，打开客户端，如图12-30所示。

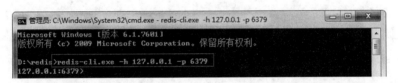

图 12-30　启动客户端

步骤06： 客户端和服务端已连接完成，接下来就可以正常访问了，如图12-31所示通过缓存设置值和取值来测试连接。

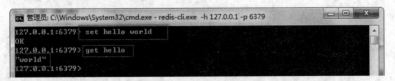

图 12-31　数据连接测试

12.3.3 　持久化

数据库是用来存储数据的，对数据写入磁盘进行长期存储的过程称为持久化。持久化能有效地避免因进程退出造成的数据丢失问题，对于程序的维护有着至关重要的作用。Redis 提供了两种不同级别的持久化方式，即RDB和AOF，它们都可以通过修改redis.windows.conf文件来进行配置。启动Redis服务，随即开始载入程序读入conf文件中配置参数，判断其为何种持久化方式，如图12-32所示。下面具体学习这两种方式。

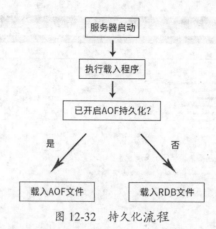

图 12-32　持久化流程

1. RDB 持久化

RDB 持久化可以在指定的时间间隔内生成数据集的时间点快照，且默认开启该模式，具体实例代码如下。

```
save ""
# save 900 1          // 在 900s 的时间段内至少有一次改变存储同步一次
# save xxx
# save 60 10000
```

若要关闭RDB模式或者修改其生成数据集快照的时间间隔，需要通过在Redis目录下找到redis.windows.conf文件，修改为上述实例代码，并关闭RDB模式，如图12-33所示。

```
120  #
121  #    Will save the DB if both the given number of seconds and the given
122  #    number of write operations against the DB occurred.
123  #
124  #    In the example below the behaviour will be to save:
125  #    after 900 sec (15 min) if at least 1 key changed
126  #    after 300 sec (5 min) if at least 10 keys changed
127  #    after 60 sec if at least 10000 keys changed
128  #
129  #    Note: you can disable saving completely by commenting out all "save" lines.
130  #
131  #    It is also possible to remove all the previously configured save
132  #    points by adding a save directive with a single empty string argument
133  #    like in the following example:
134  #
135  save ""
136
137  #save 900 1
138  #save 300 10
139  #save 60 10000
140
141  # By default Redis will stop accepting writes if RDB snapshots are enabled
142  # (at least one save point) and the latest background save failed.
143  # This will make the user aware (in a hard way) that data is not persisting
144  # on disk properly, otherwise chances are that no one will notice and some
145  # disaster will happen.
146  #
147  # If the background saving process will start working again Redis will
148  # automatically allow writes again.
149  #
```

图 12-33　关闭RDB

2. AOF持久化

AOF 持久化用来记录服务器执行的所有写操作命令，并在服务器启动时，通过重新执行这些命令来还原数据集，且默认为关闭该模式。

开启AOF模式具体实例代码如下所示。

```
appendonly yes          # yes 为开启 ,no 为关闭
# appendfsync always # 每次有新命令时就执行一次磁盘同步
# 这里启用 everysec
appendfsync everysec # 每秒磁盘同步一次
# appendfsync no  # 写入 aof 文件，不等待磁盘同步
```

配置文件修改实例代码后结果如图12-34所示。

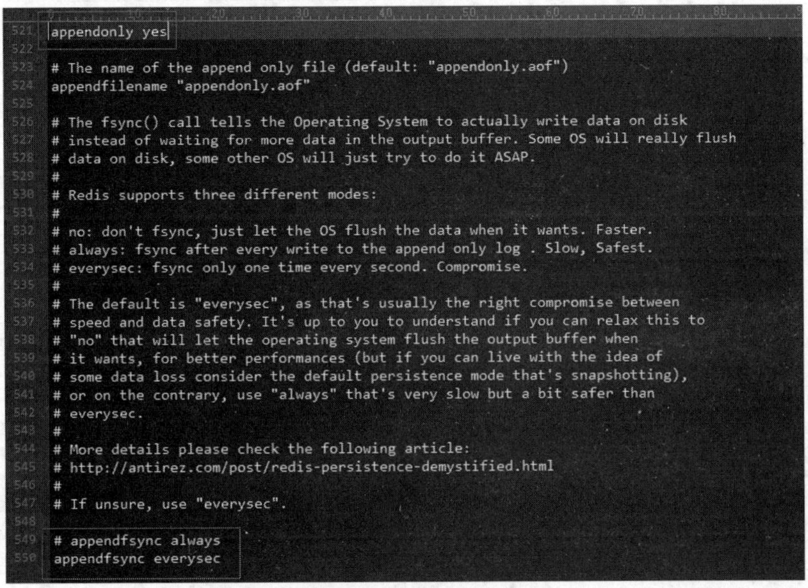

图12-34　磁盘同步

不少读者会疑惑在使用时该选择哪种方式，其实这两种方式各有优缺点，既可以同时开启使用，也可以关闭持久化功能，让数据保存在内存中。一般来说如果非常关心数据并可以接受数分钟内的数据丢失，就可以使用RDB持久化。但是作为缓存使用时，通常会使用AOF模式或关闭持久化功能。

常见异常与解析

1. 安装MySQL时，进入其安装的bin目录下，在当前路径启动cmd窗口，输入"net start mysql"命令启动MySQL服务，出现如图12-35所示异常。

图 12-35　启动MySQL服务

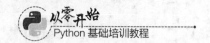

出现这个问题的原因是因为系统找不到net命令，所以需要在环境变量Path中添加
"%SystemRoot%\system32"，退出原有cmd窗口，重新打开新窗体，再次输入"net start
mysql"命令即可。

**2. 出现"1064 - You have an error in your SQL syntax; check the manual that
corresponds to your MySQL server version for the right syntax to use near 'fname value
"白蛇缘起"' at line 1"的异常，如图12-36所示。**

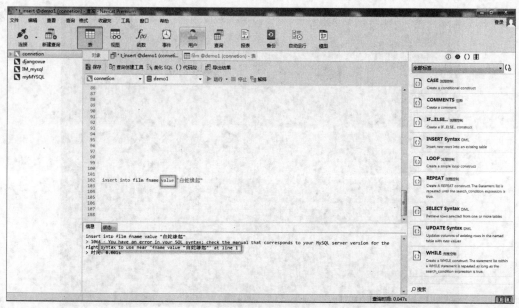

图 12-36　异常代码

虽然这是个不起眼的异常，但有不少人会在这方面犯错误。对于此类异常首先要读取有
用信息，从"...syntax to use near..."开始往后看，因为MySQL抛出语法错误，问题所在只
会是最接近该sql语句的，如图12-36所示异常已经定位于"fname value..."，将sql语句修改为
"insert into film (fname) values ("白蛇缘起")"即可。如在后续项目中出现了1064异常，就应该
立刻想到问题出在与MySQL有关的代码，并进行检查与修改。

 本章小结

本章讲述了MySQL数据库的安装和表的4种常规操作、阐述了事务的特性，以及阐述了
NoSQL，并以Redis典型非关系型数据库来拓展知识点。虽然本章内容很全面地说明了数据库
的操作，但是更细化的知识点还需要读者自身去拓展，如sql语句的学习，只有多进行实验操
作才能更好地掌握这些知识。

第13章

Python网页爬虫

本章导读 ▶

　　本章主要介绍Python在网页爬虫方面的应用，从网页中爬取内容，并且将其存入数据库中。建议读者使用pyspider框架，因为它是国内开发的，更加符合我们的语言习惯。

知识架构 ▶

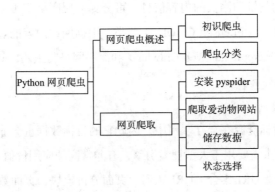

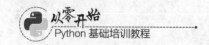

13.1 网页爬虫概述

在大数据时代，能够获取信息并能对信息进行管理是未来发展的关键，因此该如何管理如此庞大的信息网络是个很现实的问题，网络爬虫便是处理这些问题的一门技术。

13.1.1 ▶ 初识爬虫

网络爬虫又称网络蜘蛛、网络蚂蚁、网络机器人等，它可以自动浏览网络中的信息，当然浏览信息要按照制定的规则进行，这也是爬虫工程师需要做的事情。虽然写一套爬虫算法是很费心费力的事，但却很有价值，如使用Python可以很方便地编写出爬虫程序，进行互联网信息的自动化检索，从而实现搜索引擎的应用。

我们熟悉的百度搜索引擎，便是每日定时获取海量信息并持久化，再根据一定的规则，如时间、人物、热度等先后顺序，将获取的信息展示出来。

在这个过程中，爬虫算法起到了关键性因素，它的作用就类似大脑的信息处理中心，如防止信息重复，并展示第一时间的消息，这些功能都是由爬虫算法决定的。爬虫的算法不同，其运行效率和结果也会有所差异。

13.1.2 ▶ 爬虫分类

根据网站被爬取的数量和网页的内容信息，可分为通用网络爬虫（General Purpose Web Crawler）和聚焦网络爬虫（Focused Crawler）两类。根据网站内容的热度和技术层面，又可分为增量式网络爬虫（Incremental Web Crawler）和深层网络爬虫（Deep Web Crdwler）。这4个分类的具体说明分别如下。

1．通用网络爬虫

通用网络爬取的目标资源在全互联网中，因此它的目标数据量会非常巨大，对爬取性能要求也非常高，该类爬虫主要用于大型搜索引擎，有非常高的应用价值。

通用网络爬虫由初始URL集合、URL队列、页面分析模块、页面数据库等构成，其执行流程如下。

步骤01： 选取一部分的URL网络资源路径，并将这些URL放入待抓取的URL队列中。

步骤02： 取出待抓取的URL，解析DNS得到主机的IP，并将URL对应的网页下载下来，存储进已下载的网页库中，且将这些URL放进已抓取的URL队列中。

步骤03： 分析已抓取URL队列中的URL，以及其中的其他URL，并且将URL放入待抓取的URL队列中，从而进入下一个循环。

2．聚焦网络爬虫

聚焦网络爬虫是一个自动提取网页的程序，它能为搜索引擎从万维网上下载网页，是搜索引擎的重要组成部分。它与通用网络爬虫的区别在于，聚焦网络爬虫在实施网页抓取时会对内容进行处理筛选，尽量保证只抓取与需求相关的网页信息。

3．增量式网络爬虫

增量式网络爬虫是指对已下载网页采取增量式更新，以及只爬取新产生或者已经发生变化网页的爬虫，因此在很大程度上能保证所爬取的网页接近新网页。

4．深层网络爬虫

对于深层网络爬虫，很多人会将"深层"误解为是更深入地获取网址内的内容，其实不然，它只是隐式的爬取。换句话说就是，有些内容不直接被展示出来，而需要使用一定的关键词，如表单提交账号。反之表层就不需要关键词提交，直接通过链接访问即可。

上述网络爬虫的功能不一，使用方法也不同。如谷歌、百度搜索就是典型的增量型爬虫，可提供庞大而全面的内容来满足世界各地的用户。要想获取大型购物网站中更深层的资源信息，就需要爬虫根据一些低级域名的链接来抓取。总之，爬虫的分类很细，其功能各有所长，具体所用之处要看用户想要获取什么样的内容。

13.2 网页爬取

在正则表达式学习的过程中，已经通过最底层的requests库爬取了网页部分，但要是完全使用该爬取方式将过于冗杂，接下来将通过pyspider创建项目进行网页的信息爬取，并进行存储数据。

13.2.1 安装pyspider

pyspider是一个强大的网络爬虫框架，具有特色的可视化网页编写和调试功能，提供优先级控制和定时抓取，并且支持多种数据库，如Redis、MongoDB、MySQL等。安装pyspider的步骤如下。

▌温馨提示▐

目前 pyspider 不支持 Python 3.7 版，所以建议读者使用 Python3.6 以下的版本来修改环境变量即可，不会影响后续执行流程，如在安装 pip 过程中打开 cmd 窗口，却提示没有 pip 命令，

此时就需要将 Python 3.6 版下的 Scripts（如"D:\python\python36\Scripts"）配置到环境变量 path 中，并进行 pip 实例化更新，更新命令为"python -m pip install --upgrade pip"。

若有兴趣的读者想尝试使用 Python 3.7，需要考虑其与 pyspider 的兼容问题。

步骤01： 安装pyspider。使用Pycharm工具新建Python项目，打开Terminal窗口，输入"pip install pyspider"命令，并执行安装，如图13-1所示。

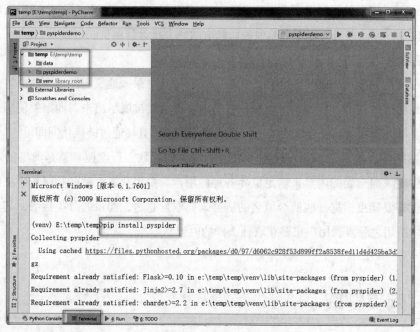

图 13-1　安装环境

步骤02： 测试环境。在Terminal窗口中输入"pyspider all"命令进行启动，随便打开一个浏览器并访问http://localhost:5000/，若网页打开成功，则说明环境搭建成功，如图13-2所示。

图 13-2　搭建成功

温馨提示

在安装 pyspider 过程中，新建项目并使用 Terminal 窗体是为了进入虚拟环境（图 13-1 中命令行中显示"(venv)"），环境中包含依赖使用的包、库、模块等文件。使用虚拟环境搭建项目，虽然会占用很多磁盘空间，但是不会对原有 Python 环境进行干扰。

在安装的过程中可能会出现各种异常，建议读者结合后面的"常见异常与解析"进行安装。

13.2.2 爬取爱动物网站

安装完成pyspider框架后，以爬取"爱动物"网站为实例，创建一个爬虫项目并获取所需要的信息，其具体步骤如下所示。

步骤01： 打开pyspider页面，如图13-3所示，输入自定义的项目名和想要爬取的网址（如 http://www.aidongwu.net），单击【Create】按钮。

图 13-3 创建项目

步骤02： 网页生成的脚本页面如图13-4所示，此刻pyspider框架会自动将所需要的基础爬取语句生成出来，如生成"on_start"方法。

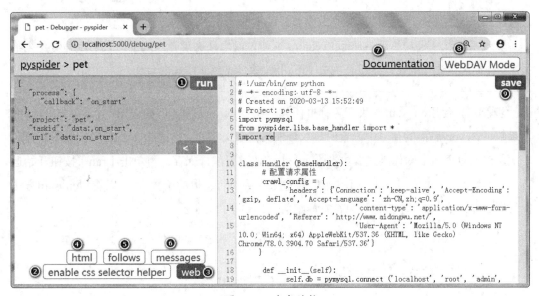

图 13-4 生成结构

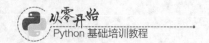

温馨提示

图 13-4 中各序号对应的按钮及功能组成如表 13-1 所示。

表 13-1 配置及功能说明

按钮	功能
① run	运行当前脚本
② enable css selector helper	在 web 按钮下快速查找标签和选择器
③ web	显示网页内容
④ html	显示 html 代码
⑤ follows	显示当前爬取请求和个数
⑥ messages	爬取过程中输出的一些信息
⑦ Documentation	官方文档网址
⑧ WebDAV Mode	可视化模型
⑨ save	编译保存

步骤03： 前面相关章节中已经说明如何获取一个网页中的UA信息，以同样方式在此获取"爱动物"网址下的宠物页面的头部信息（headeres）。在爬虫项目中写入如下所示代码，并单击【save】按钮。

```
#配置请求属性
    crawl_config = {
        'headers' : {'Connection':'keep-alive','Accept-Encoding':'gzip,
    deflate','Accept-Language':'zh-CN,zh;q=0.9','content-type':'application/
    x-www-form-urlencoded','Referer':'http://www.aidongwu.net/','User-
    Agent':'Mozilla/5.0 (Windows NT 10.0; Win64; x64) AppleWebKit/537.36 (KHTML,
    like Gecko) Chrome/78.0.3904.70 Safari/537.36'}
    }
```

温馨提示

在线网页程序代码编译不同于 Pycharm 工具，因此每次读者修改页面代码后都需要先单击【save】按钮进行编译，然后再单击【run】按钮，才能正常爬取访问。

步骤04： 使用on_start方法开启爬虫任务。在self.crawl中设置爬取URL并配置callback回调函数。@every后面的括号中设置的参数可根据自定义时间段代表on_start任务定时重新开启一次。首先对页面中的代码先要单击【save】按钮进行编译保存，再单击【run】按钮开始运行，然后切换到下面的【follow】按钮（红色数字为执行爬取的个数），可以看到on_start方法执行的内容，单击【...】按钮可以查看详细信息，如图13-5所示。

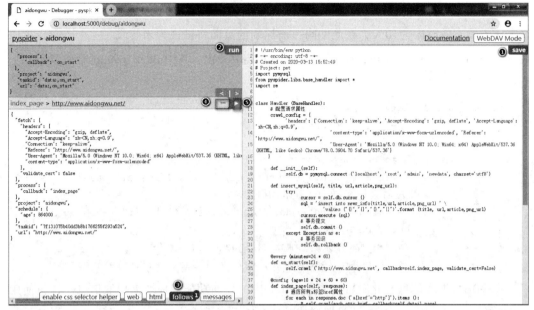

图 13-5　测试脚本

步骤05: 单击图13-5中对应的按钮⑤将会爬取该网址的详细信息,将显示index_page函数执行的内容,如图13-6所示已经提取出了很多网址,它们是通过定义的正则表达式来过滤的。

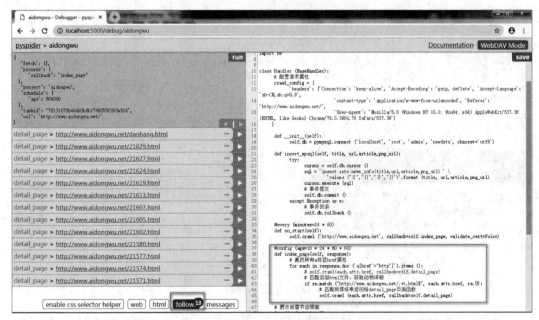

图 13-6　明细页面

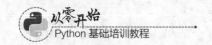

值得注意的是，如图13-6所示config函数的配置参数有"age=10*24*60*60"，其作用是设定任务的有效时限为10天，在此期间，被抓取的页面将被视为未修改。这个参数也可以在self.crawl(url, age=10*24*60*60)和crawl_config中设置，其中index_page函数的代码如下所示。

```
@config (age=10 * 24 * 60 * 60)
    def index_page(self, response):
        # 遍历所有 a 标签 href 属性
        for each in response.doc ('a[href^="http"]').items ():
            # self.crawl(each.attr.href, callback=self.detail_page)
            # 匹配后缀 html 文件，获取动物信息
            if re.match ("http://www.aidongwu.net/.*\.html$", each.attr.
                href, re.U):
                # 匹配所得结果返回给 detail_page 页面函数
                self.crawl (each.attr.href, callback=self.detail_page)
```

步骤06：提取信息。此时可以使用python中的任何功能或模块来提取信息。这里使用CSS选择器，它可用来选择想要设置样式的HTML元素模式。每个元素都具有不同的属性，因此使用CSS选择器来选择所需要的具体信息十分便利。pyspider提供了CSS selector helper调试工具，可以更轻松地生成选择器模式，如图13-7所示。

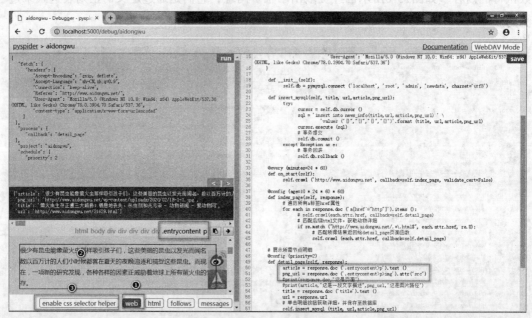

图 13-7　CSS选择器

步骤07：单击图13-7中的①号【web】按钮，然后单击③号【enable css selector helper】

按钮，选中web页面中的某块元素区域。单击元素后，图13-7中的②号区域上面的网页栏会显示CSS选择器模式。通过选择器定位标签区域从而实现从标签中获取内容或属性，其中爬取明细页面如下代码所示，config参数配置"priority=2"是指被修饰的函数执行的优先级，数字越大越先执行。

```
# 展示所需节点明细
@config (priority=2)
def detail_page(self, response):
    article = response.doc ('.entrycontent>p').text ()
    png_url = response.doc ('.entrycontent>p>img').attr("src")
    #print(response.doc," 这是页面 ")
    #print(article," 这是一段文字描述 ",png_url," 这是图片路径 ")
    title = response.doc ('title').text ()
    url = response.url

    #self.crawl (url, callback=self.domain_page) # 可以继续抓取
    # 返回页面显示数据
    return {
        "url": response.url,
        "title": response.doc ('title').text (),
        "article":article,
        "png_url":png_url,
    }
```

▌ 温馨提示

爬取网页程序中涉及的知识点较多，如页面的 HTML、CSS、PyQuery（如实例中使用的 response_doc），这些内容可多加了解。

13.2.3 ▶ 存储数据

数据库是"按照数据结构来组织、存储和管理数据的仓库"。在经济管理的日常工作中，常常需要把某些相关的数据放进这样的"仓库"中，并根据管理的需要进行相应的处理，因此，将爬取的东西本地化很重要，将数据存储到数据库中的具体步骤如下。

1. 创建字段

前面章节已经学习了如何创建表，这里直接通过可视化工具进行创建，其结果如图13-8所示。

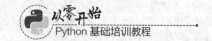

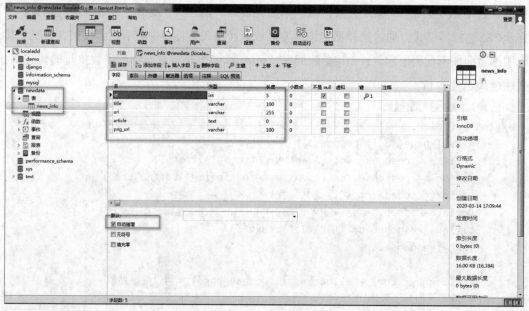

图 13-8 创建字段

除此之外，还可以通过sql语句执行创建。在Navicat可视化工具中，按【F6】键出现"mysql"命令行，输入创建表的DDL语句，如下代码所示，并按【Enter】键进行确认即可完成创建。

```
CREATE TABLE 'news_info' (
  'id' int(5) NOT NULL AUTO_INCREMENT,
  'title' varchar(100) DEFAULT NULL,
  'url' varchar(255) DEFAULT NULL,
  'article' text CHARACTER SET utf8 COLLATE utf8_general_ci,
  'png_url' varchar(100) CHARACTER SET utf8 COLLATE utf8_general_ci DEFAULT NULL,
  PRIMARY KEY ('id')
) ENGINE=InnoDB AUTO_INCREMENT=19 DEFAULT CHARSET=utf8;
```

2. 连接数据库

搭建好数据库的表格后，只需要将页面上爬取的数据实行本地化就可以了，其代码如下所示。

```
def __init__(self):
    # 使用 pymysql 连接数据库，其参数分别为（IP 地址、数据库账号、数据库密码、自定义数
    # 据库名、编码格式）
    self.db = pymysql.connect ('localhost', 'root', 'admin', 'newdata',
charset='utf8')

def insert_mysql(self, title, url,article,png_url):
```

```
    try:
        # 创建游标
        cursor = self.db.cursor ()
        # 插入数据
        sql = 'insert into news_info(title,url,article,png_url) ' \
                'values ("{}","{}","{}","{}")'.format (title,
url,article,png_url)
        #游标解析 sql 语句
        cursor.execute (sql)
        # 事务提交
        self.db.commit ()
    except Exception as e:
        # 事务回滚
        self.db.rollback ()
```

在实例中使用pymysql模块进行数据库连接，需要在虚拟环境中进行实例化该模块，在Terminal命令窗口输入"pip install pymysql"命令即可完成实例化安装。该模块的功能就是将MySQL数据库和Python建立连接关系，其作用类似一把钥匙，Python可用这把钥匙打开MySQL数据库。上述实例中建立游标及使用游标执行原生的sql语句是固定的连接流程，需要读者理解和记忆。

在数据库章节中已经说明过事务的ACID特性，因此，在此程序中会对事务进行处理，如实例sql语句正常执行时，则会提交事务，数据持久化成功。否则会抛出异常对事务进行回滚，数据持久化失败。在sql语句执行过程中，读者可以自定义一个异常（如"a = 1/0"，定义"分母不能为0"的异常）来干扰程序执行，看看数据库结果会有什么样的变化，以此加深对事务的理解。

3. 数据持久化

程序已经和数据库建立连接关系后，将爬取的数据交给pymysql模块就行了。如图13-9所示，单击数字③对应的明细按钮，程序开始调用detail_page函数，并执行数字②对应的区域代码，并进行①区域中的持久化操作后，将数据写入到数据库中。

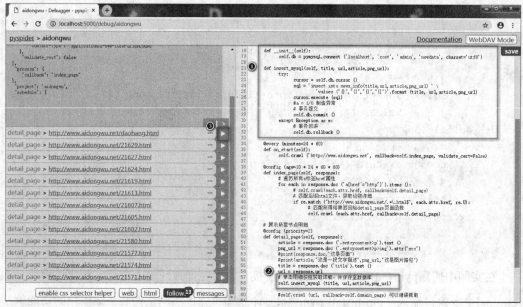

图 13-9　数据持久化

打开Navicat可视化工具，将会发现爬取的数据已经保存到数据库中，如图13-10所示。

图 13-10　查看数据

温馨提示

需要注意的是，项目中爬取的数据是各个动物总述路径下的详情页面，如动物描述和图片（通过数据库中保存的图片路径 png_url 放入浏览器中即可查看），读者若想对动物总述进行数据保存，只需在 index_page 函数中将爬取数据交付给 pymysql 模块即可。

13.2.4 状态选择

在项目爬取之后，接下来将学习如何管理和修改爬取项目拥有的状态，以及对项目爬取后的结果处理。

1．删除项目

对于网页爬虫，删除项目不同于其他任何的删除操作，这里需要关闭待删除的项目，具体分为以下两个步骤。

步骤01：在 Pyspider dash board 面板下对应的项目中，在 status 一栏下单击【RUNNING】按钮，弹出悬浮框，选中【STOP】复选框，如图 13-11 所示。

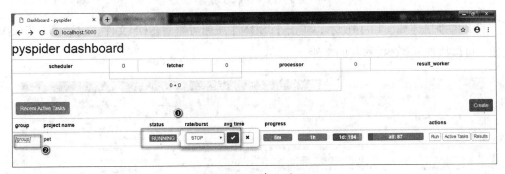

图 13-11　停止项目

步骤02：停止项目后，选中图 13-12 中 group 项目分组字母并单击，弹出悬浮框，输入"delete"命令，并选中确认，然后进行等待，系统在 24 小时后会自动将其删除。

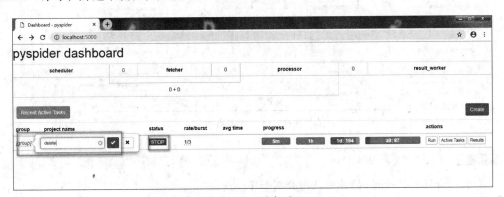

图 13-12　删除项目

2．下载文件

在项目爬取后，从网页上爬取到的数据会被保存下来。至于以何种文件形式将数据输

出，pyspider内部已经做好处理，它支持多种格式文件，如JSON、CSV等。如果获取数据结果可以通过单击【Results】按钮，如图13-13所示。

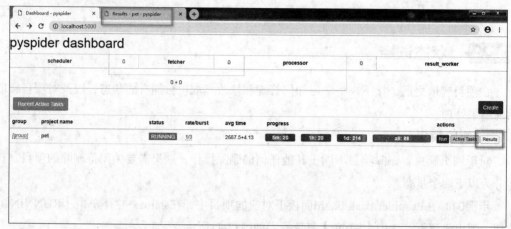

图 13-13   获取数据集

打开的新窗体如图13-14所示，单击【JSON】按钮可查看JSON文件。或者单击【CSV】按钮，可以执行下载CSV格式的文件。

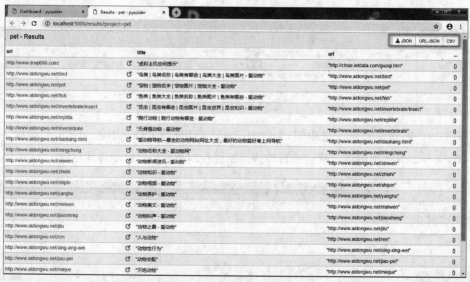

图 13-14   查看数据

温馨提示

关于 pyspider 中 status 的其他状态分别如下。

① TODO：项目刚创建的状态。

② CHECKING：修改状态。

③ DEBUG：测试状态。

④ RUNNING：正常运行状态。

1. 安装pyspider库出现异常，异常错误如"Command "python setup.py egg_info" failed with error code 10 in C:\Users\Administrator\AppData\Local\Temp\pip-install-fopzfjkb\pycurl\"，如图13-15所示。

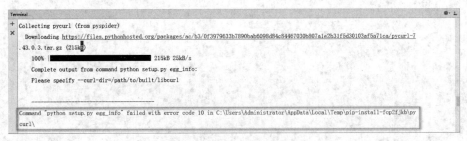

图 13-15　pycurl执行异常

出现该错误是因为文件出现了问题，解决此类情况的具体步骤如下。

步骤01： 如执行"pip install wheel"进行依赖库下载的时候，提示缺少pycurl文件。读者可自行下载pycurl7.43.0.3cp37cp37mwin_amd64.whl依赖文件，其中cp37对应C语言的Python3.7版。

步骤02： 使用"pip install 文件whl保存路径"操作进行实例化，然后再输入"pip install pycurl"命令，如图13-16所示。

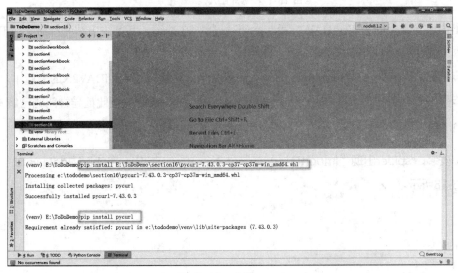

图 13-16　安装pycurl

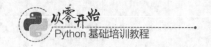

步骤03： 安装pyspider，使用"pip install pyspider"命令实例化即可。

2. 安装pyspider时，出现"ValueError: Invalid configuration:- Deprecated option 'domaincontroller': use 'http_authenticator.domain_controller' instead."异常，如图 13-17所示。

图 13-17 WsgiDAV执行异常

出现该异常是因为WsgiDAV3.x版与pyspider版存在冲突，其解决方法是卸载WsgiDAV的新版本，安装老版本即可。具体步骤如下所示。

步骤01： 执行"pip uninstall wsgidav"卸载命令，然后安装WsgiDAV2.x的老版本。

步骤02： 执行"python -m pip install wsgidav==2.4.1"命令，至此该异常问题已解决，其中命令中包含的"python -m 模块名"相当于import，可以做模块启动。

3. 安装pyspider出现"ImportError: cannot import name 'DispatcherMiddleware'"异常，如图13-18所示。

图 13-18　Werkzeug执行异常

出现该异常也是因为版本存在冲突。解决方法为先卸载新版本，再安装旧版本。具体步骤如下所示。

步骤01： 执行"pip uninstall werkzeug -y"命令进行卸载操作。

步骤02： 执行"python -m pip install werkzeug==0.16.1"命令进行安装，其中命令"pip uninstall -y <模块名>"可以删除一个模块，"-y"表示不需要进行确认。

遇到安装库或包冲突的问题时，读者不要急躁，可先上网查询，如未搜寻到问题，就需要通过Pycharm工具找到冲突文件的所在位置，并立刻备份原有文件，然后再去分析原因，修改其源码后再执行。

4. pyspider爬取过程中模块使用时抛出"NameError:name 're' is not defined"异常，如图13-19所示。

图 13-19　模块导入异常

出现该异常是因为网页上使用的模块没有被导入。解决方法是直接在Handler类写入"import re"导入模块即可。要想避免此类问题的发生，首先需要理解本项目中pyspider运行的环境是在Python项目虚拟环境中，一旦启动pyspider就不要去关闭它。pyspider依赖于Python环境，它需要虚拟环境中的库、包和模块，因此，如未导入相关模块就直接在网页上进行编译程序，就会抛出Python的异常。

⚠ 本章小结

本章首先阐述了爬虫的分类及其特点，接着以项目代码实例从pyspider框架搭建到信息过滤，再到数据存储，完整实现了网页爬取的各项功能。通过这个简单灵活的爬虫项目的学习，能够为其他爬虫领域打好基础。

第**14**章

Python Web应用

本章导读 ▶

　　学习一门语言要将其应用到实际中，虽然其他语言在Web网页上已经有相当成熟的技术，但Python作为后起之秀同样有不错的影响力，其框架结构搭建非常简易。本章将以Django 框架为例实现一个问卷调查的开发，并在这个过程中涉及前面所学的知识。除项目内容外，还将通过设计模式给读者带来全新的认识。

知识架构 ▶

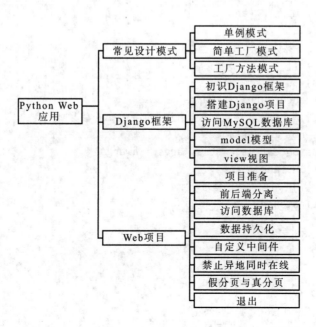

14.1 常见设计模式

设计模式是众多经验丰富的开发者在长时间的实践中总结得来的。使用设计模式是为了重构代码，让代码更容易被他人理解，并且保证代码的执行可靠安全。这些模式经过演化后被分类划域，Python中有3种常见设计模式，分别是单例模式、简单工厂模式、工厂方法模式。接下来将对这3种设计模式进行说明。

14.1.1 单例模式

单例模式（Singleton Pattern）是目前使用率最高的设计模式，它易学易用。该模式的主要目的是确保某一个类只有一个实例存在。当希望在整个系统中某个类只能出现一个实例时，单例模式就能派上用场。数据库将连接的配置信息单独放在一个文件中，在程序运行期间，有多处地方需要实例化该配置文件对象，并使用它对数据库进行不定时连接。此时如果所有地方都与数据库一直建立连接状态，这样是非常消耗性能的。因此，当一个类在全局提供一个实例并对其访问时，应使用单例模式。单例模式的常用实现方式如下。

1. 使用装饰器

前面章节中已经学习过了装饰器，那么在此将进一步介绍对装饰器的利用，通过它完成单例模式的创建，实例代码如下所示。

```python
# 使用装饰器
from functools import wraps
def singleton(cls):
    # 初始化一个字典
    instances = {}
    @wraps(cls)
    def getInstance(*args,**kwargs):
        # 如果字典中没有该类实例对象，则添加进入，并且返回字典
        if cls not in instances:
            instances[cls] = cls(*args,**kwargs)
        return instances
    # 返回创建实例化对象函数的地址
    return getInstance


@singleton
class Bar:
    pass
b0 = Bar()
b1 = Bar()
# 即便多次创建实例化对象，地址同样是那个指向
```

```
print(id(b0))    #id=5546560
print(id(b1))    #id=5546560
```

在上述实例中，通过装饰器的方式将类贴上语法糖，只要该类被实例化，那么它的指向都是同一个地址。实例中会使用到wraps函数，是因为当使用装饰器装饰一个函数时，函数本身就已经是一个新函数了，也就是说函数名称或属性产生了变化。在Python的functools模块中提供了wraps装饰函数，来确保原函数在使用装饰器时不改变自身的函数名及应有属性，所以在装饰器的编写中建议加入wraps，以确保被装饰的函数（Bar类中的函数和属性）不会因装饰器带来异常情况。

2．使用类

通过前面多线程的学习可以知道，如果多条线程在单位时间内对同一资源进行争夺，就会造成线程不安全。那么通过反射判断创建单例模式时，也会出现这种情况吗？下面来看使用类的创建方式，具体代码如下所示。

```
# 使用类
class Singleton(object):

    def __init__(self):
        pass

    @classmethod
    def instance(cls, *args, **kwargs):
        if not hasattr(Singleton, "_instance"):
            Singleton._instance = Singleton(*args, **kwargs)
        return Singleton._instance

singleton = Singleton()
print(id(singleton))    #id=31284192
print(id(singleton))    #id=31284192
```

通过对属性 "_instance" 进行动态判断，若没有该实例则创建实例。上述实例中使用类的方式并不完整，存在线程安全的问题，具体实例代码如下所示。

```
# 测试线程是否安全
class Singleton(object):

    def __init__(self):
        import time
        time.sleep(0.1)

    @classmethod
    def instance(cls, *args, **kwargs):
        if not hasattr(Singleton, "_instance"):
            Singleton._instance = Singleton(*args, **kwargs)
        return Singleton._instance
```

```
if __name__ == '__main__':
    import threading
    def demo(arg):
        singleton = Singleton.instance()
        print(id(singleton))      # 如输出不同的地址，39359096,37482736,39358872
    # 创建多个子线程测试
    for i in range(10):
        t = threading.Thread(target=demo,args=[i,])
        t.start()
```

由上述实例可知，使用类创建单例模式的方式会存在瑕疵。如果通过锁对实例创建锁定，则可以避免线程的不安全问题，具体代码如下所示。

```
lock = threading.Lock()  # 创建一个锁

class Singleton(object):
    def __init__(self):
        import time
        time.sleep(0.1)

    @classmethod
    def instance(cls, *args, **kwargs):
        lock.acquire()
        if not hasattr(Singleton, "_instance"):
            Singleton._instance = Singleton(*args, **kwargs)
        lock.release()
        return Singleton._instance
if __name__ == '__main__':
    def demo(arg):
        singleton = Singleton.instance()
        print(id(singleton))      #37681976
    # 创建多个子线程测试
    for i in range(10):
        t = threading.Thread(target=demo,args=[i,])
        t.start()
```

这样便实现了可以在多线程下安全运行的单例模式的创建，而要实现单例对象的创建就必须调用instance方法。同样，创建锁也有缺点，那就是在实例化过程中互斥锁会造成一定的时间延长。

3. 使用__new__方法

实例化一个对象时，先执行类的__new__方法（默认调用object.__new__）来实例化对象；然后执行类的__init__方法，对这个对象进行初始化。因此，只要先通过__new__方法实例化对象，再对该对象进行初始化，便可以实现单例模式的创建。为线程的安全考虑，它在多线程中进行实例化时，需要加上锁，实例代码如下所示。

```python
import threading
lock = threading.Lock()
class Singleton(object):

    def __init__(self):
        pass

    def __new__(cls, *args, **kwargs):
        if not hasattr(Singleton, "_instance"):
            lock.acquire ()
            # 当空间中某些等待（睡眠）时间较长且已经是实例对象的，不执行
            if not hasattr(Singleton, "_instance"):
                Singleton._instance = object.__new__(cls)
            lock.release ()
        return Singleton._instance
if __name__ == '__main__':
    singleton = Singleton()
    singleton1 = Singleton()
    print(id(singleton))      #35490560
    print(id(singleton1))     #35490560
```

通过锁定外部并进行一次判定，可以过滤掉已是单例的对象，从而节省资源消耗。同样，在使用类进行创建单例模式时也可以这样操作。

14.1.2 简单工厂模式

简单工厂模式是通过专门定义一个类来负责创建其他类的实例的，被创建的实例通常都具有共同的父类。它隐藏了对象创建的代码细节，客户端不需要修改代码，而是通过一个工厂类来负责创建产品类的实例。正是因为它将创建逻辑集中到一个工厂中，所以当要添加新产品时，就违背了封闭开放原则。实现简单工厂模式的实例代码如下所示。

```python
class Teacher():

    def read_book(self):
        pass

    def sleep(self):
        pass


class Student(Teacher):
    def read_book(self):
        print("学生看书! ")

    def sleep(self):
```

```
            print(" 学生睡觉！ ")


class Edit(Teacher):
    def read_book(self):
        print(" 编辑看书！ ")


    def sleep(self):
        print(" 编辑睡觉！ ")


class Study():
    def read(self, read):
        if read == ' 编辑 ':
            return Edit()
        elif read == ' 学生 ':
            return Student()


if __name__ == '__main__':
    stu = Study ()
    print(stu.read (' 学生 '))    #输出学生类地址 <__main__.Student object at
                                # 0x0000000001EACBA8>
```

温馨提示

设计模式的六大原则如下。

① 开闭原则：指对扩展开放，对修改关闭。在程序需要进行拓展时，不能修改原有的代码。

② 里氏替换原则：指所有引用父类的方法必须能透明使用其子类的对象。

③ 依赖倒置原则：这个是开闭原则的基础，指对接口编程依赖于抽象而不依赖于具体，如高层模块不应该依赖底层模块，二者都应该依赖其抽象，且抽象不应该依赖于细节，细节应该依赖抽象。

④ 接口隔离原则：指使用多个隔离的接口，比使用单个接口要好，其目的在于降低依赖和耦合。

⑤ 迪米特法则：指一个软件实体应该尽可能少地与其他实体相互作用。

⑥ 合成复用原则：指尽量使用合成 / 聚合的方式，而不是使用继承的方式。

14.1.3 ▶ 工厂方法模式

当用户不知道想要创建什么样的对象或者想要一个可扩展的关联创建类时，就可以使用工厂方法模式。它是用来创建对象的一种设计模式，当程序运行获得一个类型时，就需要创建相应的对象。相对于简单工厂模式而言，它不需要修改已经存在的类，只需要新增类型即可。工厂方法模式实例代码如下所示。

```python
class Teacher():

    def read_book(self):
        pass

    def sleep(self):
        pass


class Student(Teacher):
    def read_book(self):
        print("学生看书! ")

    def sleep(self):
        print("学生睡觉! ")

class Edit(Teacher):
    def read_book(self):
        print("编辑看书! ")

    def sleep(self):
        print("编辑睡觉! ")

class TeacherFactory():
    def create_read(self):
        pass

class StudentFactory(TeacherFactory):
    def create_read(self):
        return Student()
class EditFactory(TeacherFactory):
    def create_read(self):
        return Edit()

# 新增记者读书类型
class Reporter (Teacher):
    def read_book(self):
        print("记者看书! ")
    def sleep(self):
        print("记者睡觉! ")
class ReporterFactory (TeacherFactory):
    def create_read(self):
        return Reporter()
```

```
if __name__ == '__main__':
    # 学生
    stu = StudentFactory()
    read = stu.create_read()
    read.read_book()#学生看书!
    # 记者
    Re = ReporterFactory()
    rc = Re.create_read()
    rc.read_book()#记者看书!
```

　　将工厂方法模式和简单工厂模式进行对比，可以看出在进行新增类型时，简单工厂模式需要修改原来的类型才能够满足需求，这不符合编程逻辑中低耦合的思想，因此，在底层编码过程中工厂方法模式的使用会更广泛。

14.2　Django 框架

　　在正式进入项目之前，还需要掌握一定的框架知识，这是后续开发的必修之路。掌握Django框架及运用是本节学习的重点。那么什么是框架，Django框架又可以帮助我们做些什么呢？带着这些问题一起进入下面的学习。

14.2.1　初识Django框架

　　框架存在的目的就是让编程者快速了解想要做的事情。在编程中存在着未使用框架反而比使用框架后编写更少代码的情况，但并不代表使用框架更复杂，而是使用框架时考虑问题更严谨，处理更优化。总体而言，框架可促进软件的快速开发，节约时间，并有助于创建更为稳定的程序，以减少开发者重复使用代码。

　　Django框架是最为流行的Python框架之一，它针对用户需求提供了比较全面的模块和应用机制，如权限验证auth、缓存Cache、会话Session等。它还能管理后台，解决一些重复而缺乏创造力的工作。此外，它还拥有强大的URL配置，可以对路径的请求进行统一管理，操作简单直观，方便开发者进行修改。

　　虽然Django框架的功能很全面，但也有相对弱势的地方，在有些情况下如Django的性能把控不如Java。

　　与其他Web框架不同之处的是，Django中存在的三层架构即MVT模式，具体内容如下。

　　① M表示model，负责与数据库进行交互。

　　② V表示view，负责接收请求、获取数据、返回视图结果。

③ T表示template，负责呈现内容到浏览器。

14.2.2 ▶ 搭建Django项目

前面已经讲解了对Django框架的初步认识，读者心里应该也有了些概念，下面将进一步学习Django框架的知识，其搭建Django项目的步骤分别如下。

步骤01： 创建Django框架。通过选择Pycharm工具中的【File】选项，单击【New Project】按钮开始新建项目，弹出如图14-1所示的界面。

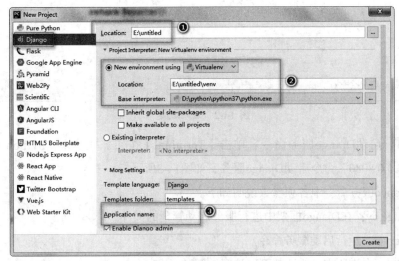

图 14-1　创建Django项目

步骤02： 完成Django项目的创建。在图14-1中①所在位置，在"\"后的最后一个名称便是新建Django的项目名，在图14-1中③位置输入APP应用名称，避免后续再通过命令进行创建，然后单击【Create】按钮进行创建Django项目。

温馨提示

通过 Pycharm 工具创建 Django 项目时各选项栏的作用，如表 14-1 所示。

表14-1　选项栏作用

选项栏名称	说明
① Location	Django 项目创建后所在的位置
② New environment using	通过 Python3.7 版为基础创建虚拟环境，并且将 venv 作为环境依赖包存放目录
③ Application name	APP 应用名

步骤03： 通过Pycharm工具开始实例化Django项目。这个操作的时间稍长，实例化成功后如图14-2所示。

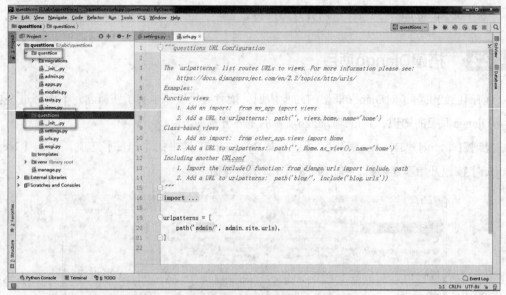

图 14-2　成功创建

步骤04：启动Django服务命令。单击【Terminal】按钮，并输入"python manage.py runserver 0.0.0.0:8080"命令启动Django服务，如图14-3所示。

启动Django服务命令中各项参数说明如下。

① manage.py：在Django框架中进行服务启动管理的文件。

② runserver：运行启动服务命令。

③ 0.0.0.0：允许所有IP地址都可以访问该服务。

④ 8080：自定义该服务的端口。

图 14-3　启动服务

步骤05： 经过正常启动Django服务，然后打开浏览器输入"localhost:8080"命令即可访问网页，如图14-4所示。至此，Django项目的搭建已基本完成。

图 14-4　django服务首页

14.2.3　访问MySQL数据库

通过前面对数据库的学习，已经可以完成MySQL数据库的安装，但要与Django结合使用，还需要进行如下操作。

步骤01： 由于Django默认配置数据库是sqlite，因此这里需要进行默认数据库的替换，在settings文件中进行修改，代码如下所示。

```
'default': {
        'ENGINE': 'django.db.backends.mysql',#MySQL 数据库 Django 的连接启动服务
        'NAME': 'django',# 数据库名称
        'USER': 'root',# 数据库登录账号
        'PASSWORD': 'admin',# 数据库登录密码
        'HOST': 'localhost',# 本地或者远程数据库 IP
        'PORT': '3306',#MySQL 端口
    }
```

上述代码中"HOST"是MySQL安装过程中默认在"mysql"数据库user表中的，如图14-5所示。图中在"Host"列下对应着一个"%"，列"User"下对应着"root"账号，其作用是用户以root账号登录后，局域网内任何IP地址都可以访问该数据库，这样做的目的是为了方便用户与数据库之间进行交互。

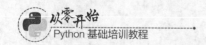

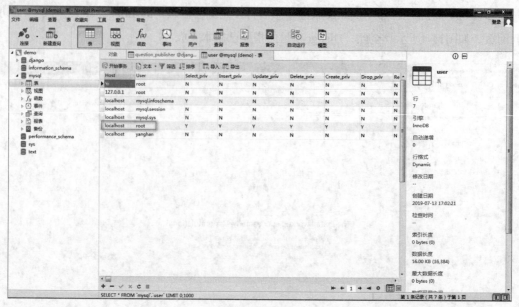

图 14-5　访问权限

对于settings文件，经过上述实例代码修改后，如图14-6所示。

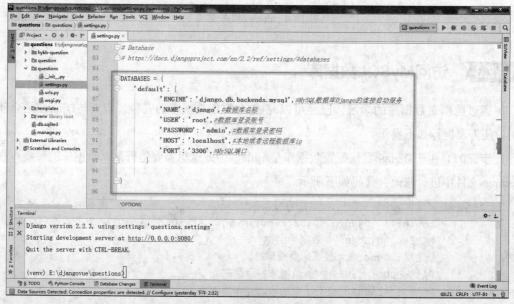

图 14-6　配置MySQL连接属性

步骤02：配置好基本属性后，还不能连接数据库，因为还需要Django框架与MySQL建立连接的依赖库。接着实例化mysqlclient，在Terminal中输入"pip install mysqlclient"命令实例化连接工具。然后再次启动Django服务，看是否会抛出异常。如果没有，则进行下一步。

步骤03：在可视化界面中直接创建数据库，在创建数据库后，读者可以进行用户授权，先通过"cmd"命令登录MySQL后，输入如下"CREATE USER '用户名'@'localhost' identified by '密码';"命令，需要注意末尾的 ";"符号，该命令是用来创建新用户并给予权限的。其语法格式如下。

```
CREATE USER 'userName'@'localhost' identified by 'password';
```

接下来进行授权命令的输入，即"GRANT ALL ON 数据库名.* to '用户名'@'localhost';"。该命令完整语法如下。

```
GRANT [previleges] ON [dbName].[tableName] TO [userName]@[hostName];
```

授权命令语法中各项参数的说明如下。

① previlege：指授予的权限，如增加、删除、修改等权限。

② dbName：指定被访问的数据库名称，如果指定所有数据库可使用星号（*）。

③ tableName：指定被访问的数据表，如果指定某个数据库的所有数据表可使用星号（*）。

④ userName：远程主机的登录用户名称。

⑤ hostName：远程主机名或者IP地址。

⑥ password：远程主机用户访问MySQL时使用的密码。

■ **温馨提示**

在MySQL旧版本中，授权是一句语法，而新的MySQL中将语法分为两句，读者了解即可。

步骤04：将MySQL的管理全部交由Django进行操作，在Terminal中输入"python manage. py migrate"命令，如图14-7所示。

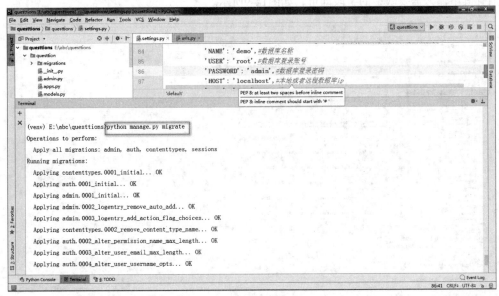

图 14-7　添加依赖表

若在运行时没有抛出异常，则说明在数据库中Django所需要的依赖表已经创建好了。同时也表示可以直接通过Django对数据库进行操作了，相关依赖如图14-8所示。

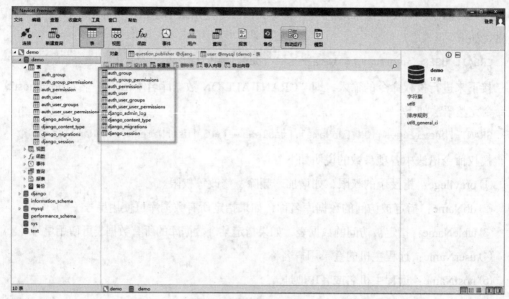

图 14-8　表已创建成功

14.2.4　model模型

　　数据库连接成功并创建好测试用的数据库和表后，要将数据库与Django进行关联，这一步需要建立模型并且与数据库建立映射关系。直接在创建的APP应用下面找到models文件，然后在其中输入需要映射的字段即可，如图14-9所示。

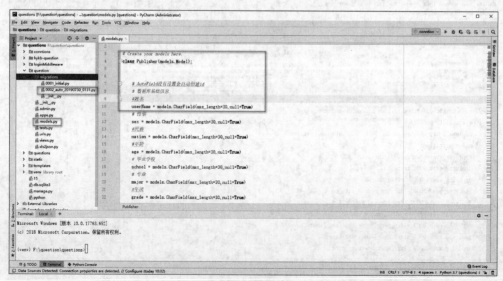

图 14-9　模型建立

　　在models中字段对应着数据库表中的列，因此，每列所对应的数据类型可以通过Django的模型来创建，其中常见创建字段所对应的类型如表14-2所示。

表 14-2 模型字段

字段	字段说明
AutoField	Int 类型的自动增长（常被作为主键）
BooleanField	用于存放布尔类型的数据（True 或者 False）
CharField	用于存放字符类型的数据，需要指定长度 max_length，最大长度不超过数据库限定（255）
DateField	日期字段，必须是 YYYY-MM-DD 格式
DateTimeField	"日期 + 时间"字段，必须是 YYYY-MM-DD HH 与 MM[:ss[.uuuuuu]][TZ] 格式
DecimalField	固定精度的十进制数，一般用来保存与金额相关的数据。对应 Python 的 Decimal
EmailField	电子邮件类型
FilePathField	文件路径类型
FloatField	用于存放浮点型数据
IntegerField	整数，（有符号的）数值范围为 [-2127283648,2147483647]
BigIntegerField	用于存放较大的数值类型 integer 类型，长整型（有符号的）数值范围为 [-9223372036854775808,9223372036854775807]
TextField	用于存放文本，一般在字段较多时使用
TimeField	时间类型，格式为 HH:MM[:ss[.uuuuuu]]
URLField	用于存放 URL 地址

上述内容中有3个字段需要注意，分别为DateTimeField、DateField和TimeField，它们存储的内容分别对应着Python内置datetime()、date()和time()三个对象，其中可设置参数的有auto_now和auto_now_add，两者默认值都为False。auto_now=Ture表示字段保存时会自动保存当前时间，但要注意每次对其实例执行save()时都会将当前时间保存，也就是说不能再手动给它存非当前时间的值。auto_now_add=True表示字段在实例第一次保存时会保存当前时间，不管是否对其赋值，但是之后的save()是可以进行手动赋值的。

通用字段参数列表（所有的字段类型都可以使用下面的参数）如表14-3所示。

表 14-3 通用字段的参数列表

参数名	参数作用
null	如果设置为 True，Django 将在数据库中存储空值为 NULL，其默认为 False
db_column	当前字段在数据库中对应的列的名字
default	字段的默认值
primary_key	如果为 True，这个字段就会成为模型的主键
unique	如果为 True，这个字段的值在整个表中必须是唯一的
blank	如果为 True，该字段允许留空，默认为 False

在models类中创建对应的模型之后，接着需要对数据库进行创建和迁移操作，让Django框架对MySQL表进行管理，分别执行如下两个命令，完成表的创建和迁移。

```
python manage.py makemigrations #执行后会生成一个建表或者添加列的历史文件
python manage.py migrate #数据库迁移
```

执行述操作，可能会报出不同的异常，其中比较常见的是"1064"异常，遇到这种问题可能是因为表中字段的创建有错误，或在迁移数据库之后，手动进行了MySQL操作，如表删除、创建等。处理这类问题时，需要理解在执行上述两个命令后，数据库中会生成模型所对应的表。而在生成表的同时，跟它有关联关系的两张表也会发生变化，它们分别是"django_

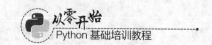

migrations"和"django_content_type"。如果误删除表后，则需要对这两个表进行处理，否则就会抛出"1064"异常。处理方法步骤如下。

步骤01： 删除"django_migrations"表中新生成文件名称的字段，如图14-10所示，字段 name中对应的是新生成文件的文件名称，误删表所生成的文件记录便在此处。

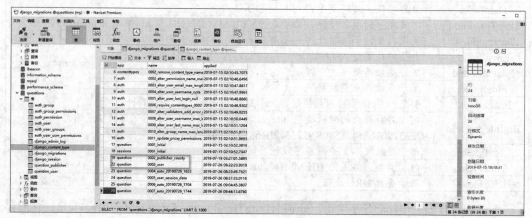

图 14-10　迁移记录

步骤02： 删除"django_content_type"中的表名记录，在删除时由于关联了外键，所以需要先取消关联关系。使用"SET FOREIGN_KEY_CHECKS = 0;"命令取消外键，然后删除对应表中相关数据后，使用"SET FOREIGN_KEY_CHECKS = 1;"命令生成外键，即可将原有的外键关系复原，如图14-11所示。

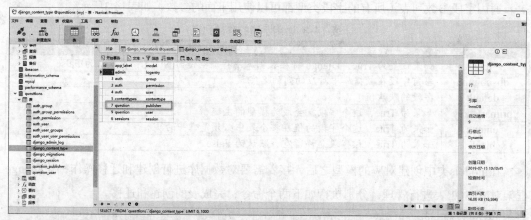

图 14-11　表名记录

经上述步骤之后便可以再次执行迁移命令，如果还是抛出"1064"异常，那么最有可能是模型字段中的字段出错，将其修改即可。

为了方便用户使用，Django对原生sql语句进行了封装，所以可以通过对象的形式来查询和处理数据库，如图14-12所示。通过在控制台中输入"python manage.py shell"命令，并且导入模型封装类，然后通过Django内置封装查询数据库语法进行查询，可得到QuerySet结果集。

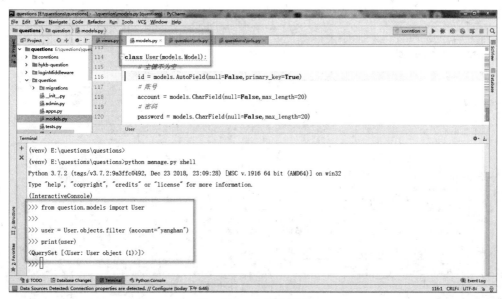

图 14-12　查询数据库

14.2.5　view视图

通过view视图可将前端页面和数据库建立起关系。对于数据库的操作、数据返回给页面、处理页面发送过来的数据等，这些逻辑处理都可以交由view去做。初学者肯定好奇网页为什么在单击之后就会跳转或者部分内容发生变化，其实这些逻辑同样是交由view视图来处理的。对于网页路径跳转页面和局部刷新，其实现都可通过urls.py统一路径配置文件来进行管理。

温馨提示

URL 是 Uniform Resource Location 的缩写，又称"统一资源定位符"。

其格式排列是"scheme：//host：port/path"。

它的格式由下列 3 个部分组成。

① 协议（或称为服务方式）。

② 存有该资源的主机 IP 地址（有时也包括端口号），一般使用域名替代。

③ 主机资源的具体地址，如目录和文件名等。

URL路径在端口后面跟的是文件名，因此，只需要在URL中通过路径映射到对应的文件名，就可以通过浏览器网址的形式访问到该页面或者数据，其映射方式如图14-13所示。

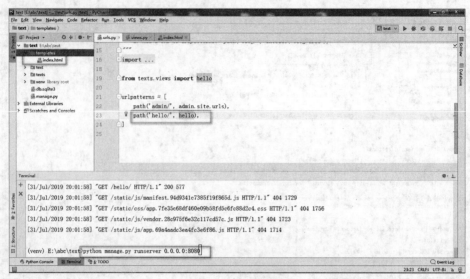

图 14-13　路径跳转

在"Path("hello/",hello)"中，前者匹配网页路径，后者是view视图中定义的函数。关于路径的配置同样也复杂，若通过正则匹配找到需要的路径，为了分工明细同样也要将APP的路径分离开来重新创建URL，这些后面在项目中会使用到。对于路径的处理还需要读者在项目中累积经验。关于启动Django服务并且访问view视图的具体步骤如下所示。

步骤01： 用户访问使用的URL在urls文件中进行路径匹配，找到对应函数之后，程序通过该函数对页面进行视图展示，如图14-14所示，通过render函数渲染模板。

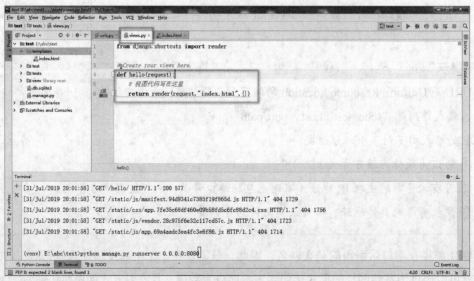

图 14-14　返回视图

步骤02： 在Django内部中settings已经默认配置好模板访问路径，如图14-15所示。它会根据目录路径找到静态文件所在位置。

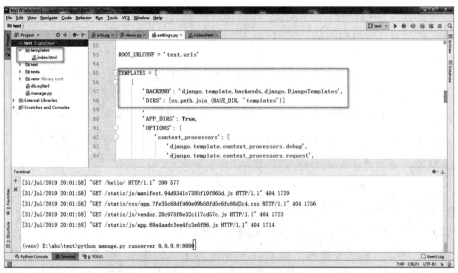

图 14-15　渲染模板

步骤03: 在控制台中输入"python manage.py runserver 0.0.0.0:8080"命令,启动Django服务,便可以在浏览器中通过"http://localhost:8080/hello/"端口访问页面了,如图14-16所示。

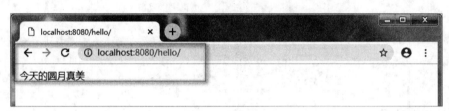

图 14-16　页面展示

▌温馨提示▐

上述实例 render 函数中,使用可选参数空字典是因为它还可以向静态页面传递参数,这个参数需要使用 Django 特有的模板语言获取才能展示到页面,同样具有渲染页面功能的还有 HttpResponse、redirect 等函数。

14.3　Web项目

学习Djano框架后,接下来做一个问卷调查的Web项目。Web项目具有易学易懂、架构轻便、应用广泛等特点,并且这个问卷调查项目可以满足不同人对项目的需求,可拓展性强。

14.3.1　项目准备

开始项目之前需要做一些准备工作,相关内容在前面章节中已经详细讲述过,在此不重

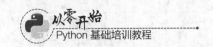

复叙述。由于存在Vue前端框架的使用，所以读者若想进行拓展学习可以安装Node.js，当然，也可以直接将笔者已经打包好的Vue项目放入Django项目中即可。

温馨提示

在该项目中使用了 Vue 框架，而 Vue 是一套用于构建用户界面的渐进式框架。它的核心库只关注视图层，不仅易于上手，还便于与第三方库或既有项目整合，正因此，目前 Web 项目采用前后分离式开发（前端负责页面设计渲染，后端负责数据提供服务器开发）大多都是采用 Vue 框架。关于更多 Vue 的学习可以参考其官方网站。

Node.js项目安装方式很简单，具体步骤如下所示。

步骤01： 通过网址https://nodejs.org/en/进行下载。

步骤02： 解压下载的安装包，如图14-17所示，手动创建图中所示的两个文件目录，然后在环境变量path中添加Node.js的安装路径即可。

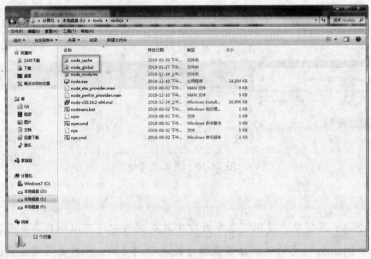

图 14-17　安装Node.js

步骤03： 在cmd窗体中输入"node -v"命令进行查看，若显示版本号，则说明安装成功。

通过前面对数据库的学习，可以新建一个数据库questtions，然后将该数据库交由Django全权管理，准备工作就完成了。

14.3.2 前后端分离

前后端分离是指前端和后端的工作在同样的进度下各自研发，彼此相互不干扰，将前端写好的静态文件，交给后台人员进行结合和修改，最后进行上线服务。项目采用前后端分离方式的好处：既方便读者快速提高对项目的驾驭能力，又能使读者更好地理解后台的作用，而不用花过多心思在前端代码上面。该项目的简洁性也便于理解Vue架构在前端的使用，并在疑难处有注释以供读者学习。接下来通过项目结合和后台修改两个要点来进一步说明。

1. 项目结合

正因为项目是前后端分离的，所以Django对Vue架构进行控制就需要将前端架构项目导入Django项目中。导入方式很简单，只需要将前端项目整体复制到Django项目下的manage.py文件同级目录中即可，如图14-18所示。

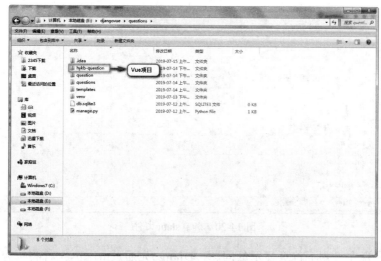

图 14-18　导入项目

2. 后台修改

项目导入后需要将其关联起来，其实现方式很简单，只需要修改3个地方即可，具体步骤如下。

步骤01：修改静态文件加载的路径，其中dist目录便是Vue项目打包压缩后所有静态文件存放的位置，只要将静态文件路径指向它网页就会加载出页面的效果，如图14-19所示。

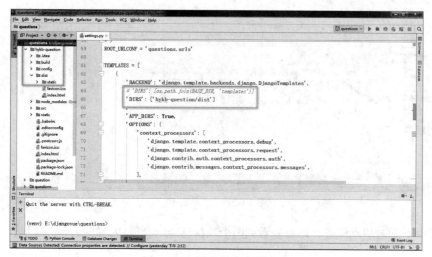

图 14-19　指向静态文件目录

步骤02： 上一步只是将路径指向dist目录，这里需要进一步将路径指向静态文件所在的位置，如图14-20所示。

图 14-20　加载static文件

步骤03： 现在只剩下首页显示的问题，Django先通过urls.py文件将资源路径定向于TemplateView，即如图14-21中左下角的template目录所在。因此，要在网页中显示首页，就需要将Vue项目中首页静态文件"index.html"进行复制。

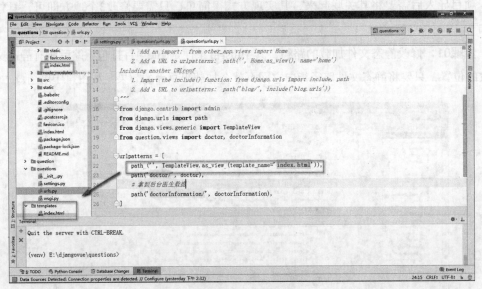

图 14-21　首页显示

步骤04： 通过启动服务，即可查看到两个项目已经结合成功，如图14-22所示。

图 14-22　启动服务

当然也可能会出现跨域的问题，这时读者只需要在settings中添加一句代码，并且在Terminal中输入"pip install django-cors-headers"命令即可。其中，添加代码如下所示。

```
CORS_ORIGIN_ALLOW_ALL = True #最后设置允许所有跨域
```

温馨提示

跨域指的是浏览器不能执行其他网站的脚本。这是由浏览器的同源策略造成的，是浏览器施加的安全限制。

14.3.3 　访问数据库

通过前面的准备工作和项目结合，已经可以通过登录进入主页面查看数据了，那么这些数据库中的数据是如何与Django建立关系的呢？如图14-23所示。

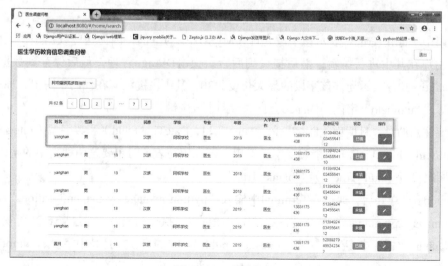

图 14-23　页面数据

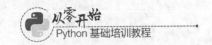

上述数据都是来源于数据库的，前端页面要获取这些后台数据，就需要利用Django中ORM的model模型进行数据库字段的创建，实例代码如下所示。

```
from django.db import models

# Create your models here.
class Publisher(models.Model):

    # AutoField 没有设置时会自动创建 ID
    # 数据库基础信息
    # 姓名
    userName = models.CharField(max_length=30)
    # 性别
    sex = models.CharField(max_length=30)
    # 民族
    nation = models.CharField(max_length=30)
    # 年龄
    age = models.CharField(max_length=30)
    # 毕业学校
    school = models.CharField(max_length=30)
    # 专业
    major = models.CharField(max_length=30)
    # 年级
    grade = models.CharField(max_length=30)
    # 入学前工作
    work = models.CharField(max_length=30)
    # 手机号
    phone = models.CharField(max_length=30)
    # 身份证
    identityCard = models.CharField(max_length=30)
    # 状态
    status = models.CharField(max_length=30)
```

代码中"null=True"表示该字段允许在MySQL中为空值，因为这些数据是在页面中展示的，用户在其中进行编辑，然后提交到后台，交由Django管理，最后保存到数据库中。"max_length=30"表示允许该字段的最大长度为30，其中主键没有在代码中写出，原因是默认为未写"AutoField"字段，Django会自动帮助生成主键。

需要注意的是，日期型（DateField、TimeField、DateTimeField）和数字型（IntegerField、DecimalField、FloatField）不能接受空字符串，若在填写表单时想要这两种类型的字段为空，则需要同时设置"null=True"及"blank=True"。

当model建立好后，通过在Terminal中输入"python manage.py makemigrations"命令和"python manage.py migrate"命令进行数据库字段创建，执行完成后，通过MySQL可视化工具查看到Django数据库中多生成一张"question_publisher"的表，并且其中字段名和model中字段名一致，可见对象关系映射（ORM）就是对数据库与模型之间关系的一种称谓。

Django默认使用settings中MySQL配置参数进行访问数据库，一个程序或应用在进行数据库访问时，其资源消耗是很大的。在此处使用单例模式进行管理，不仅可以让开发者获取sql语句操作的主动权，还可以对数据库性能消耗进行把控，如降低CPU、减少线程开销等。

在项目中创建数据库连接的目录conntions，如图14-24所示。

图 14-24　单例模式连接

在conntion文件中使用单例模式与数据库建立线程安全的连接，其中conntion文件的代码如下所示。

```python
import json
from functools import wraps
from conntions.db_config import db_config
from questions import settings
import pymysql


def singleion(cls,*args,**kwargs):
    instances = {}
    @wraps(cls)
    def _instance():
        if cls not in instances:
            instances[cls] = cls(*args,**kwargs)
        return instances[cls]
    return _instance


@singleion
class MysqlSingleton(object):
    def __init__(self):
        self.connect = None

    def getConnect(self):
```

```
# **db_config 等效于关键词匹配基本配置中的参数, 若有字典类型参数进行连接可以
# 使用此方法
# 此处配置参数后, settings 中的相关配置就不需要了
self.connect = pymysql.connect(**db_config)
try:
    # 返回连接实例
    return self.connect
except Exception as e:
    print (" 数据库连接异常 {}".format (e))
    # 连接异常则关闭
    self.connect.close()
```

通过单例模式连接数据库后, 若在没有使用封装类进行访问数据库的情况下, 程序就不会执行settings中的数据库配置。db_config配置文件代码如下所示。

```
db_config={
    "host":"localhost",
    "port":3306,
    "user":"root",
    "password":"admin",
    "db":"text",
    'charset':'utf8mb4',
}
```

温馨提示

上述实例代码对初学语言的读者而言也许会难以理解, 不过不要失去信心。如果此刻觉得太难可以暂时忽略, 因为在后续项目中还会有使用封装类进行数据库访问的操作, 以方便读者进行学习。

14.3.4 数据持久化

当数据库字段和模型建立好之后, 接下来就要将从前端获取的值保存到数据库中, 有人喜欢将代码从后台写到前端, 同样也有人喜欢反过来做。在Django项目中views.py文件存放位置的上一层目录(用户自定义创建的目录)被称作APP应用, 在这里可先从后台获取数据开始分析, APP应用中views.py文件的代码如下所示。

```
# Create your views here.
import json

from django.core.paginator import EmptyPage,  PageNotAnInteger, Paginator
from django.http import HttpResponse
from django.views.decorators.csrf import csrf_exempt


# @csrf_exempt # 注解来标识一个视图可以被跨域访问
```

```
from conntions.conntion import MysqlSingleton
from conntions.db_config import db_config
from question.models import Publisher, User
from django.contrib.sessions.models import Session
@csrf_exempt
def doctor(request):
    content = request.GET['contents']
    # json 解析转为字典类型
    receive_data = json.loads (content)
    # print(type(receive_data))
    # 查询 idcard，相同的则执行插入
    idcard = Publisher.objects.values ("identityCard")
    # 准备空列表，来匹配 idcard
    datals = []
    # 存放数据
    datas = []
for i in receive_data.keys():
        if "basicData" == i:
            di = dict (receive_data[i])
             datals.append(di)
        datas.append(receive_data[i])


    # 将查询的 queryset 结果集转为列表
    idcard = list(idcard)
    for ic in idcard:
        # 用户 idcard 与数据库一致，进行数据的持久化，目的在于防止意外产生
        if ic["identityCard"] == datals[0]["identityCard"]:
            # 通过 idcard 更新数据
            publisher = Publisher.objects.filter(identityCard=ic["identityCard"])
                .first()
            #  更新手机号
            if datas == "" or datas == "null":
                publisher.updatePhone = "null"
            else:
                publisher.updatePhone = datas[1]
            # 原籍地址（数组）
            ls = list (datas[2].values())
            former_address = str (ls[0]) + str (ls[1])+str(ls[2])+str(ls[3])
            publisher.formerAddress = former_address
            # 当前地址（数组）
            ls = list (datas[3].values())
            current_Address = str(ls[0]) + str(ls[1]) + str(ls[2]) + str(ls[3])
            publisher.currentAddress = current_Address
            # 是否开展医疗工作
            publisher.medicalWork = datas[4]
        # 基本公共卫生服务开展情况及开展多少项为数组
```

```
        public_Health = ""
        for i in datas[23]:
            public_Health += i + ";"
        publisher.publicHealth = public_Health
        # 面积
        publisher.area = datas[24]
        # 基本设备
        publisher.basicEquipment = datas[25]
        # 医生数
        publisher.number = datas[26]
        # 最后修改状态
        publisher.status = "已填"
        publisher.save()
    return HttpResponse ('保存成功')
```

views.py代码实例中通过"request.GET['contents']"在前端GET请求中获取参数传递过来的值，并且通过"Publisher.objects.filter"过滤掉前端传递过来的identityCard值与数据库中的字段值不一致的数据。当该值一致时便是数据可以在该行进行插入的时候，相当于sql语句的insert插入语句中where后面跟的需要条件，如这里的"identityCard"。需要注意的，Filter方法是从数据库中取得匹配的结果，返回一个对象列表，如果记录不存在的话，它会返回一个空的列表（[]）。

在网页中单击某个按钮或者标签页面后，可以看到部分内容会发生变化，而不是刷新整个页面，因为将整个页面刷新重新加载会消耗更多的资源。这种效果可以利用ajax技术来实现，ajax技术适用性很强，所以不少语言或者框架都用独特的方式来延伸和扩展它，如后续的Vue架构中axios。这项技术在项目中会多次使用，希望读者熟能生巧从而掌握。

接下来开始分析前端是如何发送数据到后台的，首先在Vue项目src目录下的组件components中找到Question.vue文件，其中示例如下所示。

```
this.$axios.get('/doctor', {
        params: {  // 此处名字不可更改
          contents: this.submitData  // 传递参数
        }
      }).then(res => {
    //alert() 作用是弹出对话框
        alert(res.data);
    // 跳转到 home 页面
        this.$router.push('/home')
      })
```

上述实例中的"contents"便是后台从GET方法中获取的参数，此名称必须与后台一致，"this.submitData"是Vue组件通过页面用户写入的数据，获取并且存入这个变量中，然后通过axios（只是ajax的升级版），向后台通过params参数传递用户输入的数据。在then所包含的代码块中，将获取到后台返回的数据，这些数据反馈的信息在此处便是res指代，页面可以进一步对该信息做出处理，如添加"alert(res.data)"将会弹出包含反馈信息的对话框。最后通过"this.$router.push('/home')"跳转到"home"主页，这种跳转方式是Vue框架中独有的，其跳转路径会在src中的router目录下的index.js文件中进行配置。

14.3.5 ▶ 自定义中间件

要想学好Django这个框架，还需要理解底层的原理，对于编程爱好者而言，虽然可可以学习Django官方的文档，但是没有实用案例，看过后会感到疑惑或者难以理解。在此处将介绍另一个机制，即中间件，它也是Django框架的基层。

网页开发过程中肯定会有不少的bug，有些可能是未发现或者未处理的问题，如有些较差的Web项目，还存在通过浏览器中的URL链接可将其复制并放到其他浏览器中，就可以跳过登录直接访问内部信息了。有的网站同一个账号可以同时多点登录，如多浏览器和异地登录。

进行有效的拦截及让用户安全地访问，这也是中间件的作用。在这个项目中通过拦截非login路径请求的访问，就可以解决上述的第一个bug。对于同一时间同一个账号的多点登录，可以将最新的程序会话与当前内存中的session_id进行比较，如果不是最新的程序，便强制退出。如图14-25所示为创建自定义中间件。

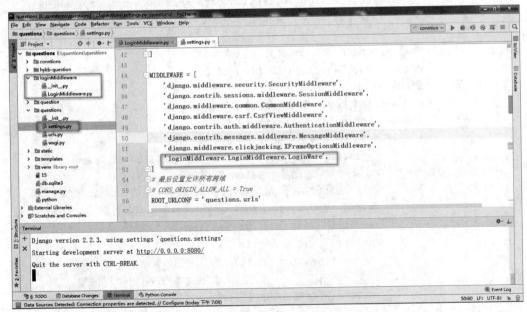

图 14-25　自定义中间件

在APP同级目录下创建中间件loginMiddleware目录LoginMiddleware文件和拦截类，其中代码如下所示。

```python
from django.http import HttpResponse, HttpResponseRedirect
from django.utils.deprecation import MiddlewareMixin
from conntions.conntion import MysqlSingleton
class LoginWare(MiddlewareMixin):
    def process_request(self,request):
        # 获取 cookie
        # sessionid = request.COOKIES.get('sessionid')
        # print(request.path,"=request.path, 获取 cookie","sessionid=",
        #       sessionid)
        print("请求中 request")
    def process_response(self,request,response):
        # 拦截处理所有非 login 页面的 URL
        print("当前路径 request.path=",request.path)
        if request.GET and request.path != "/login/":
            # 拦截所有需要在页面中进行后台操作的路径
            username = request.session.get("username")
            password = request.session.get("password")
            session_id = request.session.get("sessionid")
            # 创建对象获取单例模式下的实例，用来连接数据库
            mysqlsingleton = MysqlSingleton()
            connect = mysqlsingleton.getConnect()
            cursor = connect.cursor()
            # cursor = connection.cursor()
            cursor.execute(
                "SELECT session_id,session_data from question_user WHERE
                    account = '{}' and password = '{}'".format(
                                                username, password))
            data = cursor.fetchone()
            print(data, "=用户表中 session_id")
            if data:
                session_key = list(data)[0]
                session_value = list(data)[1]
                if session_key != session_id:
                    print(session_key,"=session_key",session_id,"session_id")
                    # 几种常见的删除 session 方法
                    # request.session.clear()  # 清空的是值
                    # del request.session['key']  # 删除指定数据
                    # 强制退出账号，并且清空 session
                    print("开始清空 session")
                    request.session.flush()  # 键和值一起清空，可方便原有登录用户
                                             # 继续登录，强迫他人下线
                    return HttpResponse("forceQuit",
                                        content_type="application/json")
        print("响应 response")
        return response
```

使用上面实例代码可将请求路径进行拦截，并通过HttpResponse响应将参数发送到前端，然后通过前端执行渲染页面，当用户在其他浏览器同时进行登录时，原有已登录用户再执行页面操作时，如刷新页面，就会被强制退出。

14.3.6 禁止异地同时在线

网站会根据自身设计来进行程序编码，如本项目中禁止多浏览器同时在线。这些功能的实现就需要使用中间件，即通过中间件拦截除login登录之外的所有路径请求。因此就要通过views视图找到需要进行登录的视图函数，并在该视图层进行逻辑判定，代码如下所示。

```python
# @csrf_exempt 在 settings 中存在 csrf 中间件，其目的是验证前端发送过来的 csrftoken，
# 为防止跨站伪造请求，初学者可以使用上述装饰器，注销掉 csrftoken 验证
def login(request):
    person = request.GET['user']
    personinfo = json.loads(person)
    # 建立游标查询用户是否存在，数据库的连接分为五步
    mysqlsingleton = MysqlSingleton()
    # 建立连接
    connect = mysqlsingleton.getConnect()
    cursor = connect.cursor()
    # 执行
    cursor.execute("SELECT account,password FROM question_user WHERE
        account='{}' and password='{}'".format(
        personinfo["account"], personinfo["password"]))
    raw = cursor.fetchone()  # 读取一条数据，返回元组结果集
    if raw:
        queryList = list(raw)
        account = queryList[0]  # 账号
        password = queryList[1]  # 密码
        # 用户存在
        if account:
            # 先判断是否存在 sessionid 和用户名的值
            account_session = request.session.get("username")
            session_id = request.session.get("sessionid")

            # session 中不存在用户登录记录
            if account_session == None:
                # 登录成功并创建 session_key
                if not request.session.session_key:
                    request.session.create()
                # 获取 session_key
                key = request.session.session_key
    session_data = list(Session.objects.filter(session_key=key).values_list
        ('session_data'))[0][0]
```

```python
# 将用户和 session_id 放入 session 中
request.session["username"] = account
request.session["password"] = password
request.session["sessionid"] = key


# 如果当前 sessionid 与 session 不一致，则说明账号已在其他位置登录（重新登录的用户会
# 产生新线程，所以会有不同的 sessionid），因此强制其退出
# 第一步保存当前 sessionid 到用户表中
cursor.execute(
    "update  question_user set session_id = '{}',session_data = '{}'
where   account = '{}' and password = '{}'".format(
        key, session_data, account, password))


# 第二步比对用户表后，删除新登录用户前面的已有会话 sessionid
print(key, "===sessino 中存在的 sessionid",account,"=account",password,"
    =password")
cursor.execute(
    "SELECT session_id,session_data from question_user WHERE session_id ='{}'
        and account = '{}' and password = '{}'".format(
            key, account, password))
data = cursor.fetchone()
print(data, "=用户表中 session_id")
if data:
    session_key = list(data)[0]
    session_value = list(data)[1]
    print(" 删除原有会话记录并且强制已登录用户下线 ","session_key=",session_key,"
        session_data",session_data)
    # 删除自身已有的会话（除了删除原始 sql 语句外，orm 模型同样可以使用，但其效率没有
    # 原始 sql 语句高，因为其还要编译为 sql 语句）
    Session.objects.filter (session_data=session_value).exclude (session_
        key=session_key).delete()
# 使用原始 sql 语句删除
        # cursor.execute (
        #                        "delete  from django_session where
        # session_data = '{}' and session_key != '{}'".format(
        #                            value,key))


        strs = "success"
    # 使用相同账号可防止同一个浏览器在不同窗口的同一时间进行访问
    elif account_session != None:
        strs = "isLine"
    else:
        strs = "faile"


    # 若要减少数据库的压力，必须在使用完毕后关闭连接，或者使用连接池存放连接
    # 释放，并手动处理事务
```

```
            try:
                # 在Django中事务的提交还有保存点，如@transaction.atomic，将其放在视图上面
                # 就可以保证在该函数中所有的数据库操作都在一个事务中
                connect.commit()
            except Exception as e:
                print(" 事务提交失败！ ")
            finally:
                # 事务回滚，并且关闭连接
                connect.rollback ()
                cursor.close()
                connect.close()
            return HttpResponse(strs, content_type="application/json")
        # 用户不存在
    else:
        strs = "faile"
    return HttpResponse(strs, content_type="application/json")
```

有一种比较常见的网站攻击就是CSRF攻击，简单来说就是，A网站的token被同一浏览器的其他网站B伪造，第三方可以通过这个伪造token访问A。那么该如何解决呢？对于同一浏览器，除不随意打开广告插件和其他存在安全隐患的网址等人为操作外，网站本身也需做好防范工作，如Django的settings中存在的中间件CsrfViewMiddleware，就是前端请求后台数据时必须携带Django生成的token，两者必须一致才可放行，这样就可以避免非正常的异地在线登录。为理解方便此处使用@csrf_exempt装饰器暂不进行token验证。同样也可以直接注释掉settings中CsrfViewMiddleware的中间件，这样可避免其他视图函数都加上@csrf_exempt。

当读者理解了整个前端访问后台数据流程后，再取消注释，并在前端所有请求中的请求头（RequestHeaders）上添加Django返回的token。

需要注意的是，在通过使用单例模式进行连接数据库后，操作权由开发者自己管理，如MySQL使用事务引擎InnoDB后，数据保存到数据库时就必须进行事务提交，否则数据不会在内存中进行写入，从而出现程序执行后却没有数据保存到数据库的情况。

登录视图函数接收请求后，以json格式的数据发送到前端，并在前端Vue框架中以axios接收后台Response响应的数据，通过对所传数据进行分析和判断再执行相关操作。前端实例代码如下。

```
// 判断登录
console.log(this.user)
this.$axios.get('/login', {
    params: { // 此处名字不可更改
    user: this.user // 传递参数
}
}).then(res= > {
    console.log(res.data, "res-data")
    if ("success" === res.data)
```

```
{
    alert(' 登录成功！')
console.log(this.user.account, "=this.user.account")
window.sessionStorage.setItem('userName', this.user.account);
this.$router.push('/home')
} else if ("isLine" === res.data){
alert(' 用户已在线！')
} else if ("faile" == = res.data){
alert(' 账号或密码错误！')
}
}).catch(err= > {
console.log(err)
})
```

上述示例中，实现项目在运行时页面返回"用户已在线！"的提示信息，即用户在同一浏览器下打开多个窗口进行重复登录的情况下，页面出现返回的提示信息。读者如果要模拟异地登录，可以在同一局域网内，使用"http://服务器IP:端口号"进行登录，服务器IP是读者启动服务器时所在的终端IP地址，其端口号就是启动Django项目的端口号。

14.3.7 ▶ 假分页与真分页

在网页中常会使用单击上一页或者下一页，而这样的一个看似简单的功能，在不同语言中却有着很大差异，即便是同一门语言中，不同数据库也会对分页造成很大影响（sql查询语句不同）。假分页存在于前端语言中，它的作用就是将后台的数据以页面形式进行分化，但是它却不管后台会发送多少数据过来，在数据量大的情况下就会造成页面对数据的加载时间过长。而真分页是指后台在数据库中进行分页查询，如MySQL中的limit分页查询语句，它的作用就是将表中数据以每页多少条进行分页。

分页的实现毫无疑问是根据sql语句限制的条件进行操作的。对数据库数据进行分页，必须要有查询条件和每页条数这两个因素，前者至少要包含所要进行查询的表名，后者的前后端都可以对其进行设置。下面从后台开始分析，其代码如下所示。

```python
# 抽取公共部分，减少复用部分
def getQueryByCounty(request):
    address =request.GET['state']
    address = eval(address)
    # print(address,"=request.GET['state']")
    schoolName = address["city"][0:2] + " 卫校 "
    # 前端同样可以，只不过是假分页，而后台通过分页可以对数据快速查询
    # 下面这样写并不是通过序列 json 传递，只是方便前端接受数据
    result = Publisher.objects.filter(school=schoolName, county=address
["county"]).values \
        ("userName", "sex", "nation", "age", "school", "county", "grade",
```

```
"work", "phone", "identityCard", "status").order_by("userName")
    paginator = Paginator(result,15)
    currentPage = request.GET.get('currentPage',0)
    # print(eval(currentPage),"=current")
    try:
        results = paginator.page(currentPage)
    except PageNotAnInteger:
        results = paginator.page(1)
    except EmptyPage:
        results = paginator.page(paginator.num_pages)
    totle = paginator.count # 数据总条数   100
    queryList = list(results)
    queryList.append({"totle":totle})
    json_posts = json.dumps (queryList)
    return HttpResponse (json_posts,content_type="application/json")
```

上述实例中通过对学校名称进行匹配，限制查询结果的总条数。通过Django内置分页封装类Publisher进行分页，只需要限制查询所得结果集，然后自定义每页条数。至此分页就基本完成了。另外，还有对特殊情况的处理，如默认首页展示，以及当前页显示。对于当前页数只有通过前端用户点击后才能确定，所以这个参数必须由前端传递过来。前端传递代码如下所示。

```
// 传递当前页数，获取后台当前页数据
    this.$axios.get("/doctorInformation", {
      params: {
        state: this.searchResultName, // 传递参数
        currentPage: this.currentPage, // 传递参数
      }
    }).then(res => {
    this.allPersonListCopy=this.allPersonList=res.data;
      // 最后一个参数值是总条数，去掉
      for (var k = 0, length = this.allPersonList.length; k < length-1; k++) {
        this.personList.push(this.allPersonList[k])
      }
      this.loading=false;
    })
```

前端通过将当前页和地区等数据发送给后台，然后通过sql语句查询获取总数据，交由封装类进行分页处理，最后返回一个分页后的json数据并展示到页面。

14.3.8 退出

虽然直接关闭浏览器可以清除会话，但是这样用户的体验度不佳，所以需要再添加一个退出功能。根据前面所学的知识，清除前后端会话的数据即可。

清除后台会话数据，代码如下所示。

```
def logout(request):
    # 清空所有 session, 并且退出
    request.session.flush()
    return HttpResponse("success", content_type="application/json")
```

上述示例中并没有进行对数据库中会话session_id的删除操作，这是因为将内存中存在的会话数据清除后，用户再次登录其中的session_id时就会发生改变，与数据库中原有的数据不同，因此，不用担心出现退出后不能正常登录的情况。

清除前端会话数据的代码如下所示。

```
// 退出
    logoutFn(){
      // 请求跳转, 后台清除 session
      this.$axios.get('/logout').then(res => {
        if("success" === res.data) {
          window.sessionStorage.removeItem("userName");
          this.$router.push('/login')
        }
      }).catch(err=>{
        console.log(err)
      })
    }
```

前端中保存用户登录信息的目的在于，在页面中可以显示用户账户名称等个人信息，而这些信息常用sessionStorage保存在浏览器的会话当中。因此，通过removeItem删除存储对象后，可重定向到登录页面。

至此该项目的实现功能简述完毕，关于更多功能的实现可以参考源码的使用。

温馨提示

本章的讲解主要是对基础知识点的讲解，而对功能的实现并没有进行过多的渲染。目的在于注重实用性，以及对初学者有一个良好的视野拓展，其中关于前端使用的 Vue 框架可以参考网址 https://cn.vuejs.org/ 进行学习。

常见异常与解析

1. 安装某个应用时出现 "Command python setup.py egg_info failed with error code 1 in C:\Users\Administrator\AppData\Local\Temp\pip-install-lbw7qz0z\twisted\" 异常，如图14-26所示。

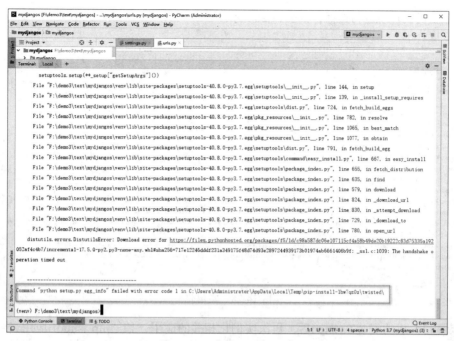

图 14-26　启动MySQL服务

这类异常是安装模块异常导致的。虽然本项目中没有安装相关的依赖包，但是类似以 "Command "python setup.py egg_info" 异常出现时，需要通过实例化twisted来解决，具体步骤如下所示。

步骤01： 既然pip下载失败，就可以直接将该库源码下载安装到本地，通过访问网址 "https://www.lfd.uci.edu/~gohlke/pythonlibs/#twisted" 下载twisted依赖包，如图14-27所示。

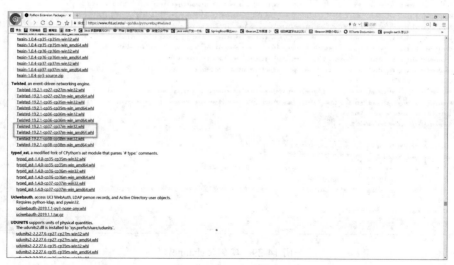

图 14-27　下载依赖包

步骤02： 下载依赖包的软件，并通过pip install 实例化文件即可，如 "pip install F:\ demo3\Twisted-19.2.1-cp37-cp37m-win_amd64.whl"，其中cp37指对应的Python3.7版本。用户

可以根据自己的环境进行选择，如图14-28所示。

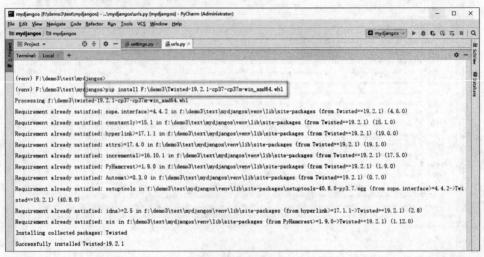

图 14-28　实例化

步骤03：成功安装Twisted后，再次实例化相关的应用，如"pip isntall 应用名==版本号"，如图14-29所示。

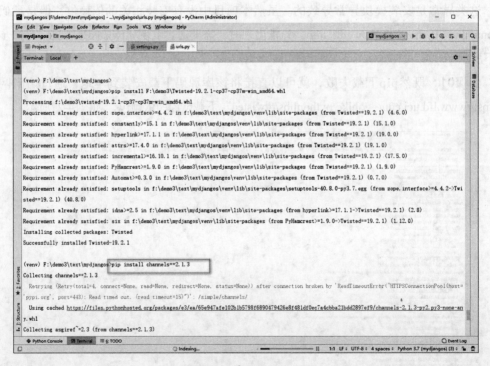

图 14-29　实例化channels

2. 出现"ModuleNotFoundError: No module named'win32api'"异常，如图14-30所示。

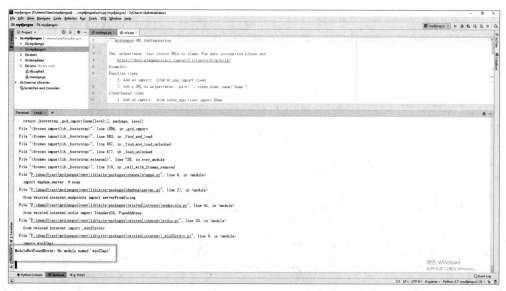

图 14-30　win32api异常

这是由于缺模块产生的异常。因此，缺什么模块就要实例化什么模块，如图14-31所示，使用命令"pip install pypiwin32"即可。

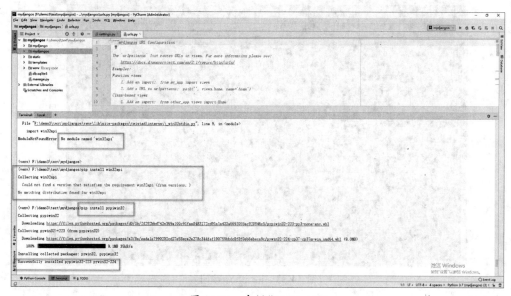

图 14-31　实例化pypiwin32

3. Django连接数据库时出现"django.db.utils.OperationalError: (1049, "Unknown database'questtions'")"异常，如图14-32所示。

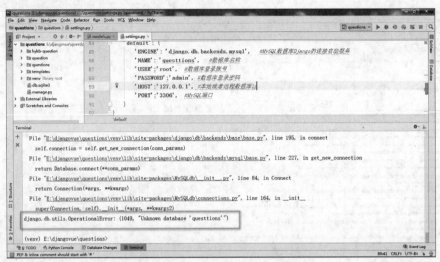

图 14-32　1049数据库连接异常

上述异常的原因在于没有使用MySQL允许远程或IP地址访问，如图14-33所示，因此，只需要将"'HOST'：'127.0.0.1'"改为"localhost"即可。

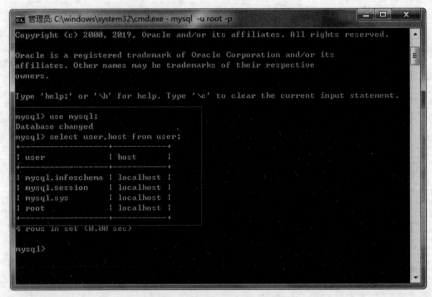

图 14-33　localhost访问

本章小结

　　本章通过将Django项目结合Vue项目完成了问卷调查的Web应用，其中知识点涵盖广，难度大，所以建议读者通过本项目多做尝试，以及在原有项目基础上进行扩展。与此同样重要的内容是设计模式，虽然这个知识点更难以理解，但却是一个成熟程序员必须要掌握的，希望读者在未来的学习过程中能够继续深入研究。

第**15**章

Python玩微信开发

本章导读 ▶

微信是人们普遍使用的社交工具，能够被公众所认同，其中肯定会有不少值得学习的技术。通过前面的学习，对Python的掌握程度应该是轻车熟路了，那么接下来将使用Python来学习微信的开发。

知识架构 ▶

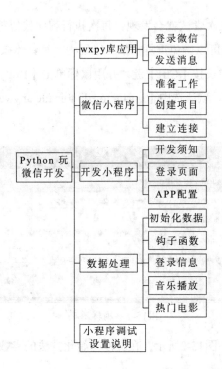

15.1 wxpy库应用

wxpy库建立在 itchat 的基础之上，通过大量接口优化提升模块的易用性，并进行丰富的功能扩展。它拥有相当成熟的技术，如微信扫码授权登录和发送消息等，接下来将对这两个功能做进一步讲述。

15.1.1 登录微信

要实现微信扫码授权登录，就需要使用外部依赖库，先将其实例化到本地。打开 Terminal窗体并输入"pip install wxpy"命令，即可完成下载需要的依赖库文件，其代码如下所示。

```
# 导入模块
from wxpy import *
# 初始化机器人，扫码登录
bot = Bot()
print(bot)    # Login successfully as 你自己的微信昵称
```

执行上面代码程序，将会弹出一个二维码，使用微信"扫一扫"功能进行扫描，然后通过控制台输出"Login successfully as ……"，表示使用微信登录成功！此刻Python代码已经完成了登录微信的任务。

细心的读者如果多做几次尝试就会发现，每次执行程序代码都要扫描二维码，这是很麻烦的事情，那么有什么办法可以避免重复扫描二维码呢？其具体操作步骤如下。

步骤01：在上述实例中长按【Ctrl】键，并用鼠标单击【Bot()】按钮，跳转到模块源码，弹出如图15-1所示的对话框。默认选中【I want to edit this file anyway】单选按钮，单击【OK】按钮。

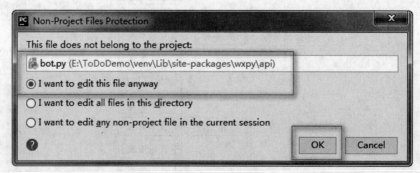

图15-1　编辑源码

步骤02：弹出对话框如图15-2所示，在文件初始化方法的参数中将cache_path=None修改为cache_path=True。

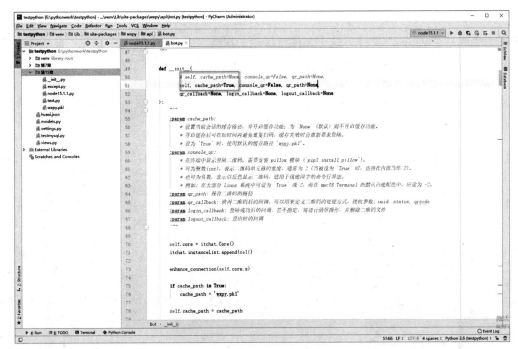

图 15-2 文件设置缓存

步骤03： 在当前页面中按【Ctrl+F】快捷键，并且输入"dump_login_status"命令，进行搜索查找。很快便能定位到dump_login_status函数，如图15-3所示，然后将cache_path=None修改为cache_path='wxpy.pkl'。

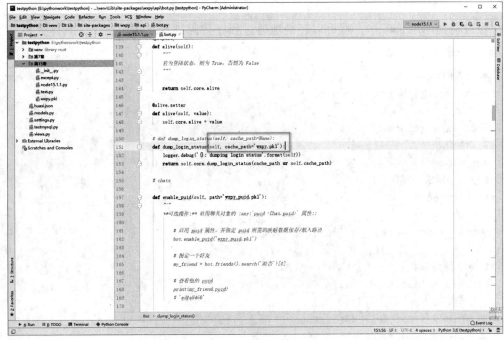

图 15-3 修改保存的文件名

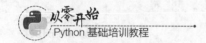
步骤04： 弹出如图15-4所示界面，运行该程序，再次扫描二维码后将会在项目默认根目录下面生成一个wxpy.pkl文件，这个文件就保存了扫描后用户微信中相关信息。此后在一定时间内再次执行程序代码，就不需要再进行扫描二维码的操作。

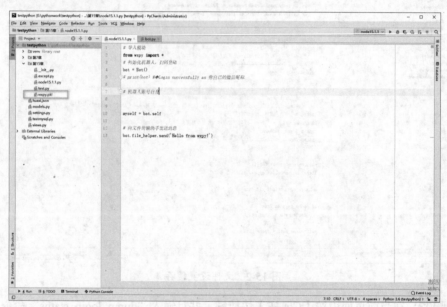

图 15-4　生成wxpy.pkl文件

15.1.2　发送消息

经过前面的准备工作，就可以轻松地通过程序代码进行发送消息了，具体代码如下所示。

```python
# 导入模块
from importlib import reload

from wxpy import *
# 初始化机器人，扫码登录
bot = Bot()
# 输出显示成功登录
# print(bot)

myself = bot.self

# 向文件传输助手发送消息
bot.file_helper.send('Hello from wxpy!')
# 指定聊天对象，备注名！
my_friend = bot.friends().search(" 圆月 ")[0]
my_friend.send(' 早上好！ ')
```

上述实例代码中有"bot.friends().search("好友备注名")",由于好友备注名可以有多个,所以这里选择[0]为第一个发送消息的。

温馨提示

虽然 wxpy 功能很强大,但是读者在使用时要注意不要过度哦,否则会使电脑微信账号在定时期间内不能登录。

15.2 微信小程序

微信小程序的应用给我们的生活带来了很多方便和乐趣,那么如何编写微信小程序呢?微信小程序不能通过Python代码直接编写,因为其程序都有属于自己的一套语言。但是通过对Web应用的学习,能清楚地知道Django可以用来做服务器,要使微信小程序和Python进行数据交流,就需要通过Python编写接口(提供数据的URL路径)来实现。那么接下来先通过微信发布的流程去实现小程序的制作。

15.2.1 准备工作

申请微信小程序的开发APP ID序列号,拥有此号才能进行项目的开发。那么接下来说明开发小程序所需的准备工作,具体准备步骤如下所示。

步骤01: 下载微信小程序的开发工具,下载网址为https://mp.weixin.qq.com/debug/wxadoc/dev/devtools/download.html?t=2018315。

步骤02: 注册小程序账号,以及工具安装流程,请通过网址https://developers.weixin.qq.com/miniprogram/dev/framework/quickstart/来自行下载和安装。

15.2.2 创建项目

经过前面的准备工作,已经获取到APP ID,并下载好微信开发工具了,接下来将开始创建微信小程序项目,具体步骤如下所示。

步骤01: 打开微信开发者工具,页面如图15-5所示。

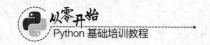

图 15-5　创建项目

步骤02： 在图15-5的左侧列表中选择新建项目类型（这里以"小程序"为例），然后单击【＋】号图标，新建项目，进入如图15-6所示的页面。

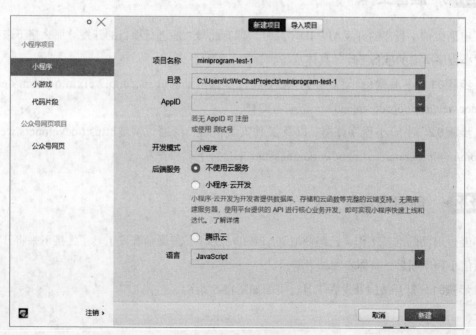

图 15-6　输入APP ID

这里需要填写项目名称、项目目录、后端服务、语言，以及用户通过注册小程序获取的 APP ID等。

步骤03： 在图15-6中单击【新建】按钮，不同版本工具中对需求填写的内容会有所不同，需要用户自定义。开发工具将为开发者初始化一个项目，如图15-7所示。

图 15-7 Hello World

图15-7中左侧为调试界面，右侧为代码目录，其目录包括pages（新建页面都放在该目录下），logs为日志文件存放目录，utils目录存放一些工具类和一些公共的配置文件等。

15.2.3 建立连接

在15.2.2节中已经创建好了小程序项目，接下来将进一步说明小程序和Django项目是如何建立连接的，具体步骤如下所示。

步骤01： 用户先创建Django项目，并且在urls.py文件中编写自定义的访问接口路径，如"weixindata/"，以便后续微信小程序调用。

步骤02： 在views.py文件中编写视图函数，用以给小程序提供数据支持。

至此，一个简单的连接通道就建立完成了。

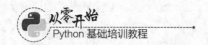

15.3 开发小程序

经过前面小程序的创建，终于来到了期待已久的开发阶段，微信小程序的语言本身有点类似于超文本标记语言，所以需要有一定的基础。对于语言基础薄弱的读者，也可以通过多次代码测试，来进行理解和学习。

15.3.1 开发须知

微信小程序没有DOM对象，一切基于组件化，其中包含有wxml、js、wxss、json四个重要的文件格式，其各自文件和具体功能如表15-1所示。

表 15-1 文件功能

微信小程序文件格式	文件功能说明
*.wxml	框架设计的一套标签语言，结合基础组件、事件系统，可以构建出页面的结构。wxml 可以进行数据绑定、列表渲染、条件渲染、模板、引用功能
*.js	将数据进行处理后发送给视图层，同时接收视图层的事件反馈
*.wxss	定义页面样式
*.json	配置文件，如 app.json 用于全局配置，包括页面文件的路径、窗口表现、设置网络超时时间、设置多 tab 等

15.3.2 登录页面

创建一个项目之后，下面开始编写登录页面，具体步骤如下所示。

步骤01：在此处选择已创建项目，并选择【目录】选项，如图15-8所示。

图 15-8 目录

步骤02：新建项目工具会初始化一个目录结构，默认生成一个index目录，打开其中的index.wxml文件，如图15-9所示。

图 15-9　index.wxml

index.wxml文件中源码实例如下所示。

```
<!--index.wxml-->
<view class="container">
<view class="userinfo">
<button wx:if="{{!hasUserInfo && canIUse}}" open-type="getUserInfo"
 bindgetuserinfo="getUserInfo"> 获取头像昵称 </button>
<block wx:else>
<image bindtap="bindViewTap" class="userinfo-avatar" src="{{userInfo.
avatarUrl}}" background-size="cover"></image>
<text class="userinfo-nickname">{{userInfo.nickName}}</text>
</block>
</view>
<view class="usermotto">
<text class="user-motto" bindtap='handleParent'>{{motto}}</text>
</view>
</view>
```

其中view 标签类似html中的div标签，这里的{{userInfo.nickName}}、{{motto}}与Vue中
的双向绑定类似，在index.js中的data属性定义了一个motto、userInfo的对象，然后利用{{}}
（插值表达式）获取对象中的值，简单说来就是一个取值的过程。

微信小程序中页面样式和css有很高的契合度，在此处就不一一说明了，可以直接将下列
代码复制到index.wxss中，具体实例如下所示。

```
/**index.wxss**/
page {

  background: #fae8c8;

}
.userinfo {
display: flex;
flex-direction: column;
align-items: center;
}

.userinfo-avatar {
width: 200rpx;
height: 200rpx;
margin: 20rpx;
border-radius: 50%;
}

.userinfo-nickname {
color: #aaa;
}

.usermotto {
margin-top: 50px;
width: 200rpx;
  height: 80rpx;
  border: 1px solid #405f80;
  border-radius: 5px;
  font-size: 24rpx;
  line-height: 80rpx;
  text-align: center;
}
```

15.3.3 APP配置

这里的app.json文件为页面的配置文件，每当开发者新建一个页面时就需要在这里配置页面信息，其中pages属性为当前页面的访问路径（新建页面时必须配置），window属性为窗口属性。

读者可以配置窗口的背景色、标题等，相关内容可以参考微信的官方文档https://developers.weixin.qq.com/miniprogram/dev/reference/configuration/page.html进行学习，如图15-10所示。

图 15-10　微信官方文档的页面配置

app.json文件代码如下所示。

```
{
"pages": [
"pages/index/index",
"pages/logs/logs",
"pages/list/list",
"pages/movies/movies",
"pages/movieDetail/movieDetail",
"pages/detail/detail"
],
"window": {
"backgroundTextStyle": "light",
"navigationBarBackgroundColor": "#c90000",
"navigationBarTitleText": " 美食宝典 ",
"navigationBarTextStyle": "white"
},
"tabBar": {
"position": "bottom",
"list": [
{
"pagePath": "pages/list/list",
"text": " 网友上传 ",
"iconPath": "/images/icon/upload.png",
"selectedIconPath": "/images/icon/upload.png"
},
{
"pagePath": "pages/movies/movies",
"text": " 热门 ",
"iconPath": "/images/icon/ 热门 .png",
"selectedIconPath": "/images/icon/ 热门 .png"
```

```
    }
  ]
},
"sitemapLocation": "sitemap.json"
}
```

15.4 数据处理

js格式文件初始化数据后，先通过自身逻辑相互调用，这样页面才能通过指定的取值方式获取对应的值，然后将得到的数据展示到页面上，这个过程称为数据绑定，如音乐播放资源、热门电影资源，那么这些数据是如何展示到小程序页面上的呢？接下来将进行详细说明。

15.4.1 初始化数据

同Vue一样，数据可以交由data属性存放方便统一管理，而页面中可通过属性取值的方式自动获取data中的数据，这样便实现了将数据展示到页面上的效果。index.js文件中代码如下所示。

```
//index.js
// 获取应用实例
const app = getApp()

Page({
data: {
motto: ' 开启新世界大门 ',
userInfo: {},
hasUserInfo: false,
canIUse: wx.canIUse('button.open-type.getUserInfo')
},
// 事件处理函数
bindViewTap: function() {
wx.navigateTo({
url: '../logs/logs'
})
},
onLoad: function () {
if (app.globalData.userInfo) {
this.setData({
userInfo: app.globalData.userInfo,
hasUserInfo: true
```

```
})
} else if (this.data.canIUse){
// 由于 getUserInfo 是网络请求，可能会在 Page.onLoad 后才返回
// 所以，加入 callback 以防止这种情况出现
app.userInfoReadyCallback = res => {
this.setData({
userInfo: res.userInfo,
hasUserInfo: true
})
}
} else {
// 没有 open-type=getUserInfo 版本的兼容处理
wx.getUserInfo({
success: res => {
app.globalData.userInfo = res.userInfo
this.setData({
userInfo: res.userInfo,
hasUserInfo: true
})
}
})
}
},
getUserInfo: function(e) {
console.log(e)
app.globalData.userInfo = e.detail.userInfo
this.setData({
userInfo: e.detail.userInfo,
hasUserInfo: true
})
},
handleParent() {
console.log(' 父元素 ');
// 跳转页面
wx.switchTab({
url: '/pages/list/list',
success() {
console.log(' 跳转成功 ');
}
})
}
})
```

15.4.2 钩子函数

用微信开发者工具新建一个js文件，其中包含有钩子函数。钩子函数的作用是在页面进行初始化时进行逻辑处理，微信小程序中钩子函数有onLoad、onReady、onShow等，它们具体功能说明如下所示。

```
Page({

  /**
   * 页面的初始数据
   */
  data: {
    msg: '开启新世界大门'
  },

  /**
   * 生命周期函数——监听页面加载
   */
  onLoad: function (options) {

  },

  /**
   * 生命周期函数——监听页面初次渲染完成
   */
  onReady: function () {

  },

  /**
   * 生命周期函数——监听页面显示
   */
  onShow: function () {

  },

  /**
   * 生命周期函数——监听页面卸载

   */  onUnload: function () {

  },
  /**
   * 页面相关事件处理函数——监听用户下拉动作
```

```
        */
    onPullDownRefresh: function () {

    },

    /**
     * 页面下拉触底事件的处理函数
     */
    onReachBottom: function () {

    },

    /**
     * 用户单击右上角进行分享
     */
    onShareAppMessage: function () {

    }
})
```

15.4.3 登录信息

微信小程序测试时会进行扫描登录，这时需要获取扫码用户的一些相关信息，可分为以下 3 个方面的内容。

1. 获取登录信息

页面在最初登录时，需经过用户授权同意，之后才能获取用户信息。那么如何通过程序获取用户信息呢？具体代码如下所示。

```
// 获取登录用户的数据
    getUserInfo: function(e) {
console.log(e)
app.globalData.userInfo = e.detail.userInfo
this.setData({
userInfo: e.detail.userInfo,
hasUserInfo: true
})
},
```

2. 信息绑定

通过逻辑关系获取用户信息后，要将这些信息展示到页面上，就需要进行事件的绑定操作，其中 bindtap 事件绑定不会阻止冒泡事件向上冒泡。与之相反的 catchtap 事件绑定却可以阻止冒泡事件向上冒泡，具体实例如下所示。

```
<view class="usermotto">
<text class="user-motto" bindtap='handleParent'>{{motto}}</text>
```

```
</view>
```

3．跳转页面

当用户授权登录后，程序获取用户信息后接着将执行跳转，这些具有跳转功能的函数具体如下。

- redirectTo：关闭当前页（卸载），并跳转到指定页。
- navigateTo：保留当前页（隐藏），并跳转到指定页。
- switchTap：只能用于跳转到tabbar页面，并关闭其他非tabbar页面，在tabbar之间做切换。

微信小程序中现实页面跳转可使用switchTab函数，其代码如下所示。

```
// 跳转到 list 页面
wx.switchTab({
url: '/pages/list/list',
success() {
console.log(' 跳转成功 ');
}
})
```

15.4.4 音乐播放

用户单击进入菜品详细界面后，如图15-11所示，单击菜品中①号的音乐播放按钮，即可播放音乐，建议读者使用手机预览功能进行播放操作，这样就可在操作的同时欣赏音乐。

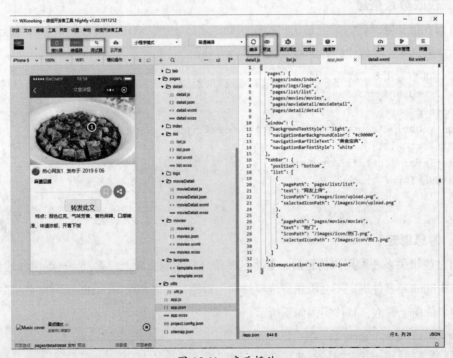

图 15-11　音乐播放

实现音乐播放的功能并不复杂，只需要理解两点，一是音乐文件提供播放来源，二是播放过程操作的逻辑处理。关于音乐播放来源读者可以自己通过网上搜索喜欢的音乐作品，并获取其链接。音乐播放功能的函数调用需要参考微信官方文档说明，如项目中使用wx.playBackgroundAudio。对于打开或者关闭音乐播放功能等的逻辑处理，可通过detail.js文件进行学习，实例代码如下所示。

```
let datas = require('../../datas/list-data'); // 音乐文件提供源
Page({
data: {
detailObj: {},
isCollected: false,
index: 0,
isPlay: false,
},
// 控制音乐播放
musicControl(){
let isPlay = !this.data.isPlay;
let {dataUrl, title, coverImgUrl} = this.data.detailObj.music;
if(isPlay){ // 音乐播放
wx.playBackgroundAudio({
dataUrl,title,coverImgUrl
});

}else { // 音乐暂停
wx.pauseBackgroundAudio()
}

// 更新 isPlay 的状态
this.setData({isPlay});
}
})
```

15.4.5 热门电影

热门电影的评分一般都会很高，可以直接调用发布的接口来获取这些高评分的电影资源，这样十分简单方便。读者也可以通过前面章节所学知识，爬取网址所需数据后存入数据库中，然后通过Django项目以接口方式将数据交给微信小程序，这样获取的数据综合性更高，也能加深读者对程序的掌握，最后将这些接口数据通过微信小程序组件或模版展示到页面中，如图15-12所示。

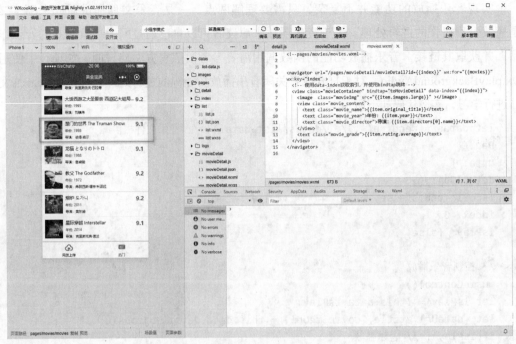

图 15-12　电影列表

温馨提示

Component（组件）具有与 page 类似的结构，由 js、wxml、wxss、json 四类文件组成。相对于组件而言，template（模板）更加轻量级，它的功能主要是用于展示，其模板只有以 .wxml 和 .wxss 结尾的两个文件。通过它们的组成结构可以知道组件中的业务逻辑独立成为的 page 页面，简单说来，如果只是展示使用模版就足够了，如涉及业务逻辑则较为复杂，建议使用组件。

同音乐播放所不同的是，电影评分资源的来源并非是在 js 文件中的硬编码，而是通过发布接口来获取相关数据的，其数据格式为 json，这是数据分享的一种重要格式。那么图 15-12 界面效果又是如何实现的呢？首先分析页面结构 movies.wxml 文件，其中部分代码如下所示。

```
<!--pages/movies/movies.wxml-->

<navigator url="/pages/movieDetail/movieDetail?id={{index}}"
wx:for="{{movies}}" wx:key="index" >
<!-- 使用 data-index 获取索引，并使用 bindtap 跳转 -->
<view class="movieContainer" bindtap="toMovieDetail" data-
index="{{index}}">
<image class="movieImg" src="{{item.images.large}}" ></image>
<view class="movie_content">
<text class="movie_name">{{item.original_title}}</text>
<text class="movie_year"> 年份 : {{item.year}}</text>
```

```
<text class="movie_director">导演: {{item.directors[0].name}}</text>
</view>
<text class="movie_grade">{{item.rating.average}}</text>
</view>
</navigator>
```

页面结构已通过movies.wxml实现完毕，接下来便是数据处理了，页面结构的操作大致为获取值、传递值和遍历，这是页面结构展示的数据功能。因此，一般情况下，较为复杂的数据或者对接接口数据等都会交给js来处理，如movies.js文件部分的实现代码如下所示。

```
Page({
data: {
movies: [],
index:0
},

// 传递 json 数据跳转电影图片信息
toMovieDetail(event) {
// 获取索引并且传递
this.index = event.currentTarget.dataset.index
wx.navigateTo({
url: '/pages/movieDetail/movieDetail?movies=' + JSON.stringify(this.data.
movies) + '&index=' + this.index
})
}
})
```

至此，关于数据处理的部分已经介绍完。

▌ 温馨提示

细心的读者可能已经发现，虽然做好了小程序的页面展示功能，却没有与 Python 建立任何关系。这是由于微信小程序的功能大部分是进行页面结构实现和渲染的，如 wxml、wxss，其作用都是为了用户美观需求而做的工作，那么实际数据的获取就需要服务器来提供了。

15.5 小程序调试设置说明

在开发小程序过程中，对测试的设置尤为重要，毕竟开发小程序是需要不断调试和修改的。

微信平台出于安全考虑，因此会对于开发者做出一些限制措施，这些措施不仅可以保障开发者自身安全也可以对微信平台起到维护作用，这些安全配置则可以通过单击图15-13中右上角【详情】按钮，进行配置。

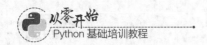
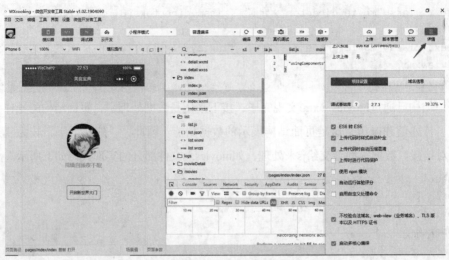

图 15-13　设置

　　小程序开发过程中为了调试方便，单击【预览】按钮，使用手机微信扫描二维码，即可通过手机快速访问。预览得到实际的效果，并可进行修改和完善，如图15-14所示。

图 15-14　预览

常见异常与解析

1. 控制台报出"合法域名校验出错"的异常。

　　这种异常的原因就是没有将请求的域名设置为合法域名，当然在测试阶段可以不进行

配置，而是在图15-15的【本地设置】栏中选中【不校验合法域名、web-view（业务域名）、
TLS版本以及HTTPS证书】复选框即可。

图 15-15　本地设置

2. 出现"undefined"未定义异常，如图15-16所示。

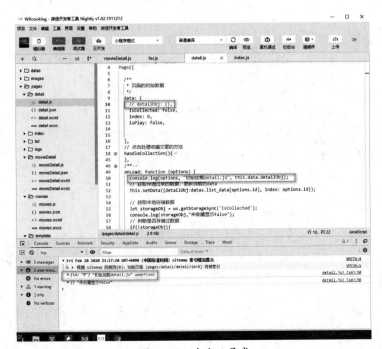

图 15-16　未定义异常

虽然未定义异常的范围很广，但是它出现的原因多是变量或者数据类型未先声明，就直接使用造成的。上述案例中只需要将detailObj类型注释取消就可以了，也有读者在取值时会漏写，如"this.detailObj"，其中缺少data，这也是Vue框架和小程序的差别之一。

在取值时可能会犯错误，同样在赋值过程中也可能会犯错误，如小程序中在使用this.data和this.setData{()}时就有很大的区别。用this.data可能会导致页面内容不更新，因为在异步的操作情况下无法保证this.data的执行。在页面初始化时，onLoad执行完成后this.data才开始执行，此时该变量可能还未赋值，如this.data.username='abc'，从而导致"undefined"异常及数据发生改变，但是视图却没有变化的情况。反之，在同步方法中，只有this.data赋值完成后，onLoad函数才会结束，这样就不会出现数据绑定失败的情况。因此，建议在数据赋值过程时都使用this.setData{()}来完成操作。

⚠ 本章小结

本章引入wxpy库，并通过Python对微信进行操作，完成一般常规操作，以满足读者通过程序使用微信的好奇心。然后，对微信小程序进行讲解，从页面展示、js逻辑交互、数据处理等操作完成了小程序的开发流程。希望读者通过本章学习可以独立完成一个更完善、全面的小程序。

附　录
Python常见面试题精选

1．基础知识（7题）

题 01：Python 中的不可变数据类型和可变数据类型是什么意思？

题 02：请简述 Python 中 is 和 == 的区别。

题 03：请简述 function(*args, **kwargs) 中的 *args和**kwargs 分别是什么意思。

题 04：请简述面向对象中的new 和init 的区别。

题 05：Python 子类在继承自多个父类时，如多个父类有同名方法，子类将继承自哪个方法？

题 06：请简述在 Python 中如何避免死锁。

题 07：什么是排序算法的稳定性？常见的排序算法如冒泡排序、快速排序、归并排序、堆排序、Shell 排序、二叉树排序等，其时间、空间复杂度和稳定性如何？

2．字符串与数字（7题）

题 08：s = "hfkfdlsahfgdiuanvzx"，试对 s 去重并按字母顺序排列输出 "adfghiklnsuvxz"。

题 09：试判定给定的字符串 s 和 t 是否满足将 s 中的所有字符都可以替换为 t 中的所有字符。

题 10：使用 Lambda 表达式实现将 IPv4 的地址转换为 int 型整数。

题 11：罗马数字使用字母表示特定的数字，试编写函数 romanToInt()，输入罗马数字字符串，输出对应的阿拉伯数字。

题 12：试编写函数 isParenthesesValid()，确定输入的只包含字符 "（"")""{"}""["]"的字符串是否有效。注意，括号必须以正确的顺序关闭。

题 13：编写函数输出 count-and-say 序列的第 n 项。

题14：不使用sqrt 函数，试编写squareRoot() 函数，输入一个正数，输出它的平方根的整数部分。

3　正则表达式（4题）

题 15：请写出匹配中国大陆手机号且结尾不是 4 和 7 的正则表达式。

题 16：请写出以下代码的运行结果。

```
import re
str = '<div class="nam">中国 </div>'
res = re.findall(r'<div class=".*">(.*?)</div>',str)
print(res)
```

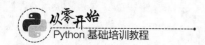
以零开始
Python 基础培训教程

题 17：请写出以下代码的运行结果。

```
import re

match = re.compile('www\...?').match("www.baidu.com")
if match:
print(match.group())
else:
print("NO MATCH")
```

题 18：请写出以下代码的运行结果。

```
import re

example = "<div>test1</div><div>test2</div>" Result =
re.compile("<div>.*").search(example) print("Result = %s" %
Result.group())
```

4. 列表、字典、元组、数组、矩阵（9题）

题 19：使用递推式将矩阵转换为一维向量。

题 20：写出以下代码的运行结果。

```
def testFun():
temp = [lambda x : i*x for i in range(5)] return temp
for everyLambda in testFun(): print (everyLambda(3))
```

题 21：编写 Python 程序，打印星号金字塔。

题 22：获取数组的支配点。

题 23：将函数按照执行效率高低排序。

题 24：螺旋式返回矩阵的元素。

题 25：生成一个新的矩阵，并且将原矩阵的所有元素以与原矩阵相同的行遍历顺序填充进去，将该矩阵重新整形为一个不同大小的矩阵，但保留其原始数据。

题 26：查找矩阵中的第 k 个最小元素。

题 27：试编写函数 largestRectangleArea()，求一幅柱状图中包含的最大矩形的面积。

5. 设计模式（3题）

题 28：使用 Python 语言实现单例模式。

题 29：使用 Python 语言实现工厂模式。

题 30：使用 Python 语言实现观察者模式。

6. 树、二叉树、图（5题）

题 31：使用 Python 编写实现二叉树前序遍历的函数 preorder(root, res=[ ])。

题 32：使用 Python 实现一个二分查找函数。

题 33：编写 Python 函数 maxDepth()，实现获取二叉树 root 最大深度。

题 34：输入两棵二叉树 Root1、Root2，判断 Root2 是否是 Root1 的子结构（子树）。

题 35：判断数组是否是某棵二叉搜索树后序遍历的结果。

7. 文件操作（3题）

题 36：计算 test.txt 中的大写字母数。注意，test.txt 为含有大写字母在内、内容任意的文本文件。

题 37：补全缺失的代码。

题 38：设计内存中的文件系统。

8. 网络编程（4题）

题 39：请至少说出 3 条 TCP 和 UDP 协议的区别。

题 40：请简述 Cookie 和 Session 的区别。

题 41：请简述向服务器端发送请求时 GET 方式与 POST 方式的区别。

题 42：使用 threading 组件编写支持多线程的 Socket 服务端。

9. 数据库编程（6题）

题 43：简述数据库的第一、第二、第三范式的内容。

题 44：根据以下数据表结构和数据，编写 sql 语句，查询平均成绩大于 80 的所有学生的学号、姓名和平均成绩。

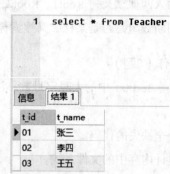

题45：按照第44题所给条件，编写 sql 语句查询没有学全所有课程的学生信息。

题46：按照第44题所给条件，编写 sql 语句查询所有课程第 2 名和第 3 名的学生信息及该课程成绩。

题47：按照第44题所给条件，编写 sql 语句查询所教课程有 2 人及以上不及格的教师、课程、学生信息及该课程成绩。

题48：按照第44题所给条件，编写 sql 语句生成每门课程的一分段表（课程 ID、课程名称、分数、该课程的该分数人数、该课程累计人数）。

10. 图形图像与可视化（2题）

题49：绘制一个二次函数的图形，同时画出使用梯形法求积分时的各个梯形。

题50：将给定数据可视化并给出分析结论。

参考文献

[1] Kenneth A. Lambert. 数据结构（Python语言描述）[M]. 李军，译. 北京：人民邮电出版社，2017.

[2] Chetan Giridhar. Python设计模式[M]. 2版. 韩波，译. 北京：人民邮电出版社，2017.

[3] Josiah L.Carlson. Redis实战[M]. 黄健宏，译. 北京：人民邮电出版社，2015.

参考文献

[1] Yasunori A. Hamilton. 制度与行动 (Problems). 第2册 外刊. 第二. 生态学. 人文与社会科学, 2012.

[2] Elizabeth and Bellamy. 制度与行动 (Problems). 制度. 北京. 人文与社会科学, 2011.

[3] Joseph L. Carson. Redas. [M]. 北京大学. 大学出版社. 北京大学出版社, 2013.